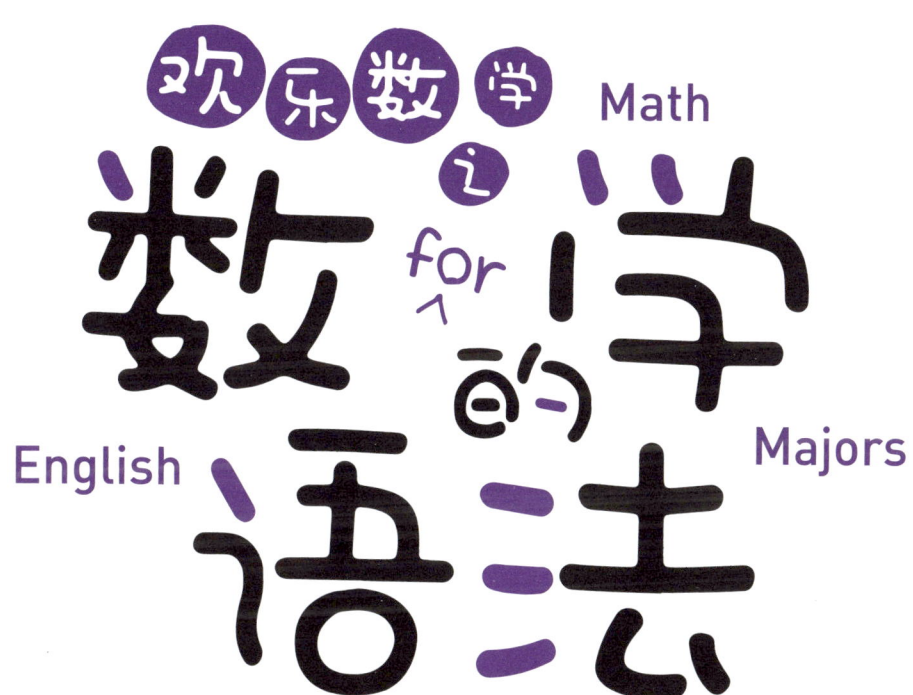

欢乐数学之

数学的语法

Math for English Majors

[美]本·奥尔林 著
Ben Orlin

阳曦 译

一本充满"烂插画"的数学底层逻辑说明书

A Human Take on the Universal Language

天津出版传媒集团
天津科学技术出版社

著作权合同登记号：图字 02-2025-100 号

Math for English Majors: A Human Take on the Universal Language
Copyright © 2024 by Ben Orlin
This edition published by arrangement with Black Dog & Leventhal, an imprint of Perseus Books, LLC, a subsidiary of Hachette Book Group, Inc., New York, New York, USA. All rights reserved.
Simplified Chinese edition copyright © 2025 by United Sky (Beijing) © New Media Co., Ltd.
All rights reserved.

图书在版编目（CIP）数据

欢乐数学之数学的语法 /（美）本·奥尔林著；阳曦译. -- 天津：天津科学技术出版社，2025.7.
ISBN 978-7-5742-3053-8

Ⅰ.O1-49

中国国家版本馆CIP数据核字第2025DK3880号

欢乐数学之数学的语法
HUANLE SHUXUE ZHI SHUXUE DE YUFA
选题策划：联合天际·边建强
责任编辑：马妍吉　胡艳杰

出　　版：	天津出版传媒集团
	天津科学技术出版社
地　　址：	天津市西康路35号
邮　　编：	300051
电　　话：	（022）23332695
网　　址：	www.tjkjcbs.com.cn
发　　行：	未读（天津）文化传媒有限公司
印　　刷：	北京雅图新世纪印刷科技有限公司

关注未读好书

客服咨询

开本 710×1000　1/16　印张 17.5　字数 164 000
2025年7月第1版第1次印刷
定价：88.00元

本书若有质量问题，请与本公司图书销售中心联系调换
电话：(010) 52435752

未经许可，不得以任何方式
复制或抄袭本书部分或全部内容
版权所有，侵权必究

献给戴文
你的表情透露的信息比任何方程都多

他们的表达方式，在他们看来是如此简单明了，实际上却极度复杂，其中既蕴含又隐藏着一门真正语言所具备的庞大体系。

——奥利佛·萨克斯，《看见声音》

目录

引言 1

第一部分　名词
被称为"数字"的事物　7

计数 9	量级 42
测量 15	科学记数法 49
负数 19	无理数 55
分数 27	无限 63
小数 33	无限 65
取整 38	无限 67

第二部分　动词
运算活动　71

递增 73	根式 108
加法 77	指数 111
减法 84	对数 116
乘法 90	分组 120
除法 98	计算 126
平方与立方 104	

第三部分　语法
代数的句法规则　133

符号 135	公式 169
变量 141	化简 174
表达式 145	求解 179
等式 152	范畴错误 185
不等式 157	形式 189
图形 162	规则 193

第四部分　常用语
本书的数学词汇指南　201

增长与变化 202	真理与矛盾 226
误差和估计 205	可能性的大小 230
优化 207	因果关系与相关性 234
答案和方法 210	数据 236
形状和曲线 213	博弈与风险 240
无限 216	属性 244
集合 218	名人逸事与数学典故 247
逻辑与证明 222	

双关、引用及细则 251
延伸阅读 263
唠唠叨叨的感谢 269

引言

我曾让整个礼堂的本科生回忆他们关于数学的最早记忆。其中一名学生分享了一个十分奇特（但又如此普遍）的故事，那一幕深深根植于我的潜意识中，以至于我开始觉得那仿佛是我自己的记忆。

那名学生说她5岁时，有人发给她一页加法练习题。问题是，她当时根本不认识纸上那些奇怪的符号，有什么数字"2"啊，"+"啊，等等。从来没有人教过她这些。由于太害怕而不敢提问，她找到了一个变通的方法，即把每个等式都死记硬背了下来——不过她不是把它们当作数字来记忆，而是当作关于形状的主观规则来记忆的。例如，"8 + 1 = 9"对她来说并不意味着9比8大1，而是一组编码指令：如果你看到两个摞在一起的圆圈（8），接着是一个"十"字（+）、一条竖线（1）和两条横线（=），那么你必须在后面的空白处画一个向下拖着尾巴的圆圈（9）。她煞费苦心地自学了几十条这样的规则，每一条都和我刚才阐述的那条一样烦琐而又毫无道理。这简直就是卡夫卡式[①]的数学学习经历。

很少会有人以这样的方式来学习"8 + 1 = 9"，但几乎每个学生在面对数学时（或早或晚）都会遭遇类似的困惑，并且采用同样无奈的权宜之计来应对。无论是在幼儿园、中学还是研究生院，困惑总会从天而降，但若都采用此类方式解决，那么数学就会如德国数学家大卫·希尔伯特所说，

---

① "卡夫卡式"是一个形容词，通常用来描述某种事物或行为具有作家卡夫卡作品中的特质。这种风格以荒诞、无力、矛盾和压抑为特征。——译注（后文若无特殊说明，均为译注）

变成了一场"纸上无意义的符号游戏"。

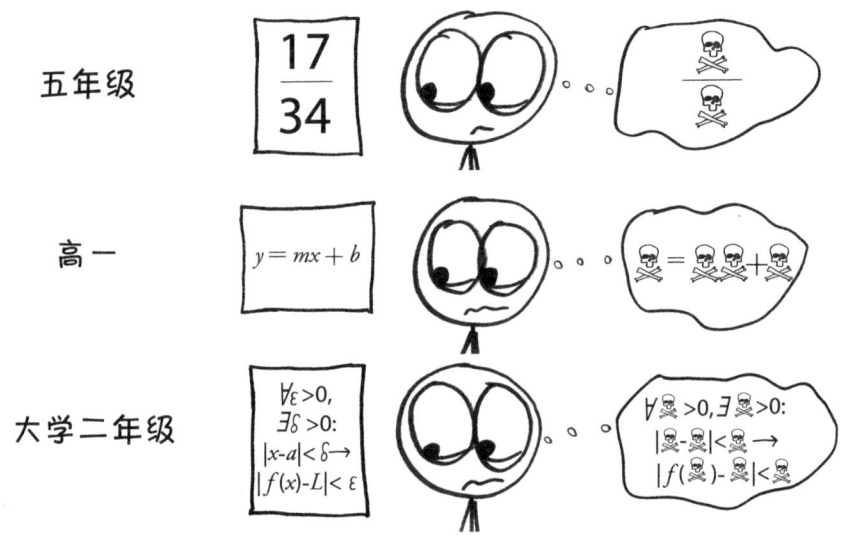

我们都有过这样的经历：当碰到不认识的符号或看不懂的步骤时，我们会请教他人那些乱七八糟的符号是什么意思。得到的回答是一串让人摸不着头脑的话。于是我们又问，**那是什么意思**，得到的回复依然是连篇的不知所云。如此持续下去，双方的挫败感不断加剧，双方开始变得越来越不耐烦，直到最后我们点点头，微笑着说："噢，对。**谢谢你**。这下全都清楚了。"之后，我们带着满满的挫败感，开始埋头苦记哪些形状该按什么顺序书写下来。

人们总爱说，数学是一门语言（甚至是一门"通用语言"）。如果语言能让人们凝聚在一起，那数学为什么让我们感觉如此孤独呢？

我是一名职业的数学捍卫者。我所说的"捍卫者"既包括它的经典含义（拥护者、支持者或某种世界观的诠释者），也包含它的现代含义（为一位广受鄙夷的"客户"维护公共关系的人）。我之所以会走上这条职业道路——之所以会成为一名数学老师，是因为我隐约而坚定地认为，数学需要我的帮助。我知道，有些事情不太对劲。因为似乎每个人都在说，我们教授数学的方式大错特错,甚至是南辕北辙的。

可是,到底是哪里出了问题呢?这背后有许多原因。在过去的15年里,我一直在努力寻找答案。

人们普遍的一个抱怨是,数学缺乏在"现实世界中的应用"。数学太抽象、太晦涩难懂、太高高在上,矗立在它自己的象牙塔之中。就像那句经久不衰的口头禅一样,"我什么时候会用到这个数学知识呢?"许多教科书的编撰者把这些不满铭记于心。例如,他们会把一个关于二次方程(**枯燥乏味!**)的问题,转化为一个计算一家公司收益的问题(**多么贴近生活,多么实用!**)——尽管毫无逻辑可言,但该问题竟然符合二次方程的规律。有一些教育工作者则不认同"数学需要在'现实世界'中有用"这一前提假设。没有人会问自己什么时候会"用到"音乐或者文学知识,不是吗?那么,为什么不遵循爱因斯坦的智慧逻辑,将数学当作"逻辑概念的诗篇"来接受呢?

无论我们对有关"现实世界中有用"的顾虑做何反应,我依然怀疑我们对数学的理解都太过浮于表面了。当学生询问数学是否有用时,他们所指的并非一种实际用途,而是一种目标感。"我什么时候会用得上它?"这句话的意思更像是"**我们在这里做这些是为了什么?**"或者"这些东西为什么重要?",又或者"这一切意味着什么?"

他们并不是在说:"请描述一下,在遥远的未来,这些习题将如何为我的银行账户添砖加瓦。"也不是在说:"请解释一下这些习题将以何种不太可能的方式造福我的灵魂。"这个问题更像是:"现在就告诉我,这些习题到底是怎么回事?"

数学不仅仅是各种概念的集合,还是一种专门用来讨论这些概念的方式。而学生真正想要的是,在学习人类这门最奇特的语言方面得到帮助,虽然他们自己并未意识到这一点。

那么,说数学是一种语言意味着什么呢?

数学始于数字。尽管数字和词语在一些显而易见的方面有所区别,但它们都是用来标记这个世界的系统。和词语一样，数字让我们得以把复杂的体验（比如说在湖边散步）简化为更简单的东西。词语侧重于描述（如"这里有很多名贵的狗"），而数字侧重于量化（如"3英里"）。

数字之后便是计算。计算是通过旧的数字来产生新的数字，也就是说，从旧的知识中产生新的知识。例如，一个周长为3英里[①]的湖大致呈圆形，我们就可以计算出，这个湖的直径大约是1英里。

到目前为止，一切顺利。但接下来是代数。

就像文学和哲学一样，代数与人们的日常生活有点距离。我们暂且抛开具体的数字（如177）和计算（如177÷3），转而研究计算本身的性质。代数开辟了新的可能性：简化计算过程、重新排列计算步骤、比较不同的计算方法等。这需要一套丰富的语法，其中包括独特的名词短语系统和几个"任劳任怨"的动词。值得注意的是，像"3"这样具体的数字被像"x"这样抽象的占位符所取代。从具体的3到通用的x的这一大胆飞跃，标志着一种全新语言的诞生——而对很多人来说，这也是他们的理解能力的终结。

这本小书有一个崇高的目标：**教会你数学这门语言**。我们将从"数字"这种抽象名词开始学起，进而学习"计算"这种具有动态性的动词，再到代数中微妙的"语法"。当然，寥寥几页带卡通插图的内容并不能教会你这门语言的全部，但我希望它们能让你有一个好的开始。

我的提议有点与众不同。数学家在面向普通大众写作时，总是倾向于赞美这门学科的各种概念及其应用，而不是赞美用来表达这些概念及其应用的语言。通常我们会完全摒弃这门语言，尽可能地把方程式翻译成大白话。

这本书选择了一条更为曲折且不那么循规蹈矩的道路。因此，它并不是一部翻译的文学作品，而是一场为赋予某种优美且严谨的语言以鲜活生命力而进行的探索。恰恰是这种语言，才使这本书得以问世。

[①] 1英里等于1609.34米。

有一个经典的谜题，问的是数学是被发现的还是被发明的？数学原本就存在于大自然的经纬之中，还是说它是我们为了研究自然而创造出来的工具呢？数学究竟是原子还是显微镜呢？

我的回答是，这两种说法都对。**数学是围绕着一项发现而进行的发明，**它就像是一栋围绕着一棵树建造起来的房子。这栋房子就是一门语言，其构造如此精巧，让人感觉它仿佛是自然的杰作。那棵树则是一项发现，其结构如此神奇，让人感觉它仿佛是精心设计的成果。

数学既是原子又是显微镜，它们融合得如此天衣无缝，以至于我们很难说清楚发现从哪里结束，发明又从哪里开始。

这种发现与发明、语言与概念的融合，正是数学如此难学的原因之一。要掌握数学概念，你必须先学习数学语言，但数学语言若不是作为数学概念的一种表达，就毫无意义。

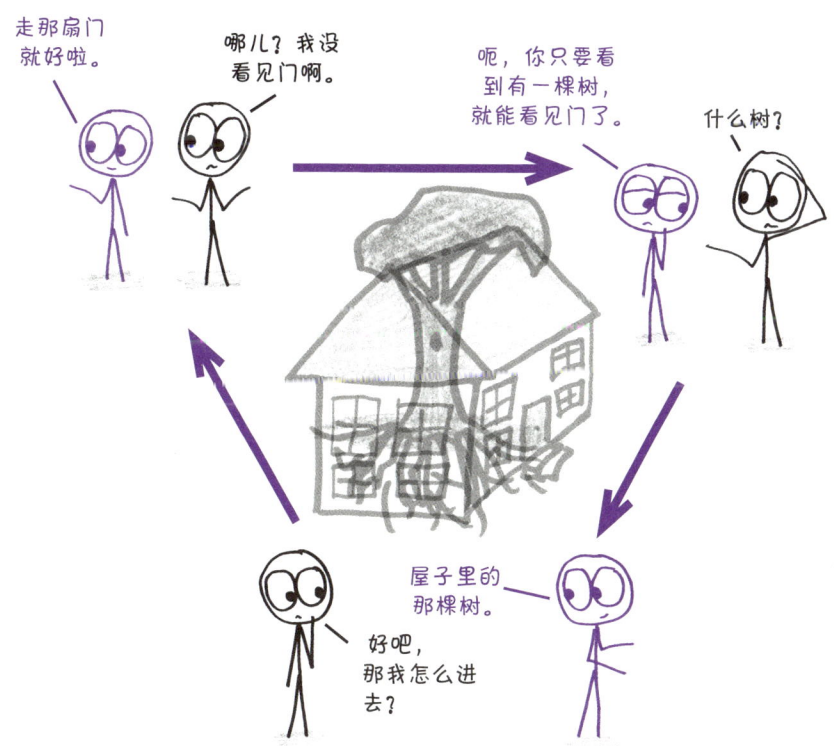

我从没想过自己会成为一名数学捍卫者。如果说我是被什么力量引领着走向数学领域的，那我可不像那些在神祇的指引下踏上既定命运之旅的希腊英雄，倒更像是一个晕头转向的游客，被当地人从车流险境中拉了出来。

尽管如此，此刻身处这树屋之中，看着透过树叶洒下的阳光，我不禁希望每个人都能站到我现在所处的位置。我希望这本小书能带你走进这里，感受我所感受到的一切。

第一部分

名词

被称为"数字"的事物

"名词"通常被定义为"用于描述人、地点或事物的词"。在我小时候，这个定义一直让我很困惑。因为在我看来，人和地点显然也属于"事物"的范畴，为什么要这样重复定义呢？为什么不直接把"名词"定义为"用于描述事物的词"，这样不是更简洁？现在回想起来，我发现儿时这种咬文嚼字的行为，恰恰体现了数学语言的一个独特原则：一切皆为事物。

数字就是一个典型的例子。它们是数学中最古老、最为人所熟知的事物，但实际上它们并不是真正意义上的事物。环游世界时，你或许会跨越7大洋、品尝7种比萨，或者与7名忍者战斗，但你永远不会遇到"7"这个具体的事物。

世界上并没有"7"这个实体，只有"7个某物"。人们说"7颗弹珠"就好比说"蓝色的弹珠"一样——它是一种属性、一种描述。它不是名词，而是形容词。

至少讲道理的人会这样认为，但数学家往往不讲什么道理，他们更像是野性不羁的哲学家，又或是离经叛道的逻辑学家。

就像形容词"美丽的"衍生出名词"美丽"一样，形容词"7"也衍生出了一个同样被称为"7"的名词（这有点令人困惑），其定义是所有"7"个一组的事物所共有的那种难以捉摸的"七性"（seven-ness）。

因此，数字是由形容词衍生而来的名词。它是一种无形的属性，极具吸引力，以至于我们为了研究它而对其进行探讨，就好像它真的是一个实实在在的事物。正如我们稍后即将看到的那样，数字并非数学中唯一的名词，但它们是最基础的，因此将占据本书的第一部分内容。

美国小说家凯伦·奥尔森将数学描述为"一个由诱人的抽象结构、曲线、面、场和矢量空间构成的迷雾大陆，只有那些精通复杂的'迷雾之语'的人才能进入。它是一种承载真理的工具，而且这些真理无法用其他任何

语言来表达"。

既然数学是一门迷雾之语,那么我们就从迷雾中开启学习之旅吧。下面就请跟随我一同走进斯诺登尼亚国家森林公园①,登上云雾缭绕的山坡……

计数

几年前,我在威尔士的一处山坡上徒步时,偶然看到了一块标牌,上面列出了威尔士语中从1到20的数字。作为标牌、数字和威尔士人的狂热爱好者,我一下子被吸引了。

1:un。

2:dau。

3:tri。

一切正常,直到我数到"16":unarbymtheg。这个词似乎是由"1"

---
① 位于英国西海岸,是威尔士最大的国家公园。

（un）和"15"（pymtheg）组成的。遵循着以英语为母语的思维模式，我发现了这个奇妙而迷人的命名规律，之后我又开心地看到17（dauarbymtheg，2加15）和19（pedwararbymtheg，4加15）也符合这条规律。此时，我猜18应该是triarbymtheg，也就是3加15。对吧？

但是事实证明，我错了。威尔士人拒绝迎合我这种平庸的逻辑。18是"deunaw"，字面意义是"2个9"。我站在斯诺登尼亚国家森林公园的迷雾中，心中充满了对威尔士人民以及他们为这个数字所赋予的美丽名字的钦佩之情。

给某物命名就是将其与其他事物区分开来，赋予它一个身份。这就是我们为什么会给婴儿、歌曲、城市、宠物和群聊取名字，但通常我们不会给一枚回形针命名。我迫切地想将我的孩子和你的孩子区分开来，但对于办公用品，我就没那么在意了。

没有名字，数字就不能算真正的数字。它更像是一枚回形针，与其他的回形针毫无区别。你能轻松分辨●●●●●●●●●●●●●●●●●●●和●●●●●●●●●●●●●●●●●●（或●●●●●●●●●●●●●●●●●●）之间的区别吗？只有当每个数字都拥有一个名字——进而获得一种身份时，数学才能真正开始。在《创世记》中，亚当给世上的所有生物都起了名字，从"aardvark"（土豚）到"zebra"（斑马）。18世纪，植物学家卡尔·林奈（Carl Linnaeus）也做了同样的事，按照他创建的"双名命名法"，土豚被命名为"*Orycteropus afer*"，斑马是"*Equus quagga*"。亚当和林奈给生物起了名字，我们也必须给数量起名。这种逐一为数字命名的过程就叫作"计数"。

在英语中，数字●●●●●●●●●●●●●●●●●●被命名为"eighteen"（18）：从字面上解读就是"8（eight）加10（ten）"。这是个准确的描述，但●●●●●●●●●●●●●●●●●●也可以是"3个6"，或者"12加6"，抑或"9个2"。明明有其他更好玩的表述，为什么我们要叫它"18"呢？为什么要选择"8加10"这种笨拙又不对称的叫法，而不是

第一部分　名词：被称为"数字"的事物　　　11

看上去生动且对称的"2个9"的表述呢？

　　这引出了一个更深层的问题。我们究竟想从一套计数系统里得到什么？

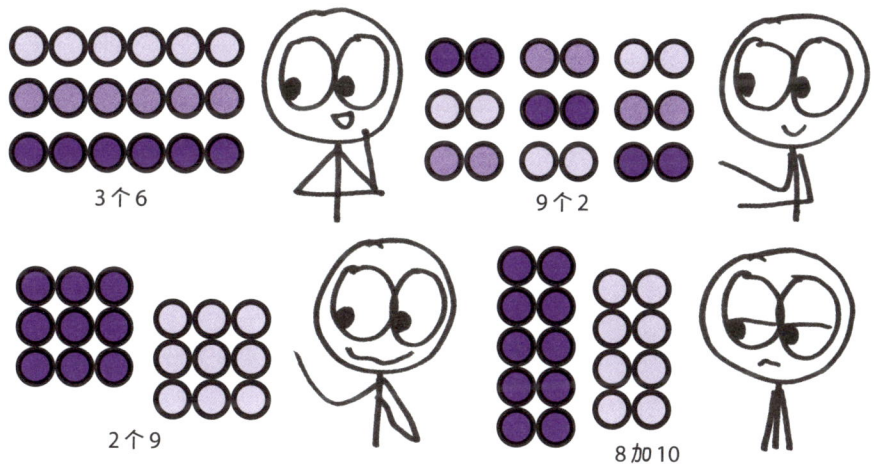

　　豪尔赫·路易斯·博尔赫斯①的短篇小说《博闻强记的富内斯》讲述了这样一个故事：一个名叫富内斯的男孩从马背上摔下后陷入了昏迷。醒来后，富内斯拥有了一种天赋，但也遭受了诅咒——他的身体瘫痪了，脑海中却是各种画面。凡是他见过的事物，他都能记住，而且记得极为细致入微。之后，躺在床上的富内斯发明了自己的计数系统。他给每个数字分配了一个特定的形象："硫黄""缰绳""拿破仑"。在他的计数系统中，每个名字都是独一无二且令人印象深刻的。

　　但正如叙事者徒劳地试图向富内斯解释的那样，这样的计数系统根本算不上数学。

　　我们现在使用的计数系统，也就是"十进制"，基于将所有数字都拆分

---

①　豪尔赫·路易斯·博尔赫斯（Jorge Luis Borges，1899—1986），阿根廷著名的诗人、小说家、散文家、翻译家，被誉为"作家中的考古学家"，是20世纪最重要的西班牙语文学大师之一。

为以10为一组的原则。例如，100是10个10，1000是10个10的10倍（10个100），100万是10个10的10（倍）的10（倍）的10（倍）的10倍（10个10万）。由于所有数字都由相同的标准单位构成，所以我们可以轻而易举地对数字进行比较和计算：比如我们很容易就能看出125比124大1，而将这两个数相加（拆分为100 + 100、20 + 20和4 + 5），也可以轻松得出总和为249。

富内斯的计算系统则不然。人们要如何确定"马克西莫·佩雷斯"后面是"火车"，或者它们的和是"一块破裂的红砖"？正如这篇小说的叙事者所说："这种由互不相关的词汇组成的狂想曲，与计数系统完全背道而驰。"

正是出于这个原因，我们放弃了富有诗意的"2个9"，选择了平淡乏味的"18"。要命名无穷多的数字，我们需要一个有序的系统，而"十进制"恰好符合这一要求。

10本身并没有什么特别之处，只是我们**恰好从拥有10根手指的猿类进化而来**。如果我们像章鱼或者蜘蛛那样，以8为单位来构建我们的系统，那么我们会称"18"为22，即2个8，加上余数2。

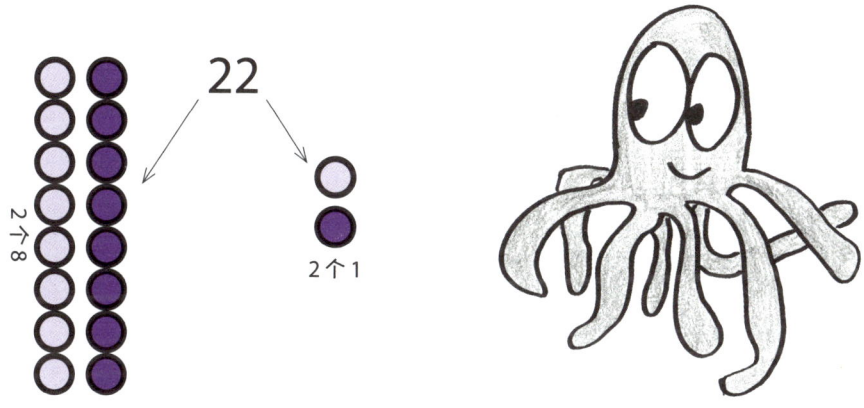

如果以7为基准，我们会称18为24：2个7，加上余数4。

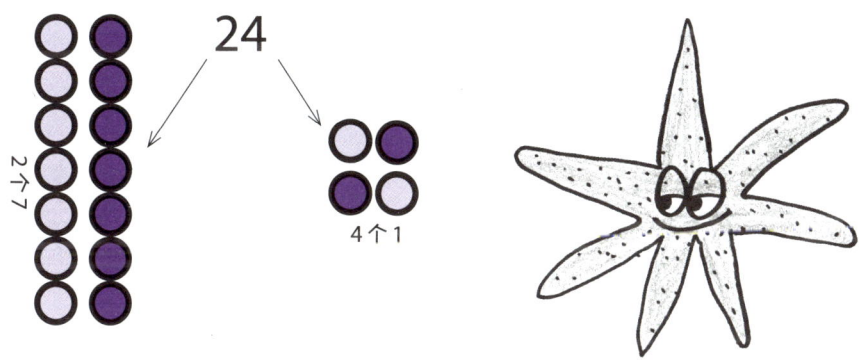

又或者以9为基准，我们会称18为20：2个9，没有余数。

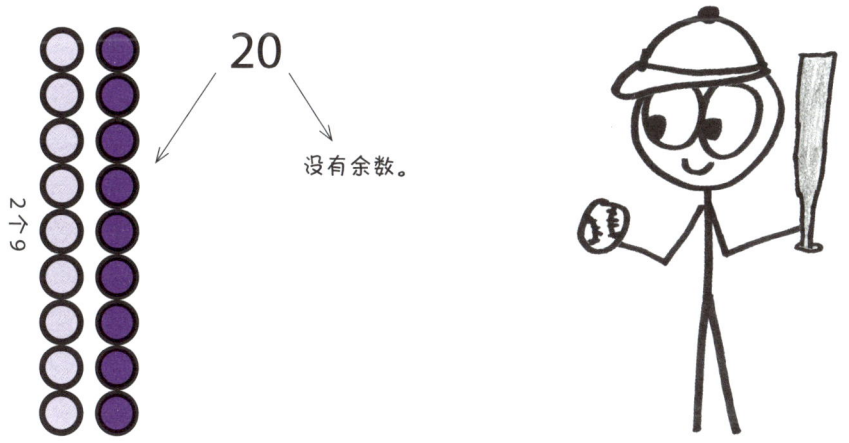

这就是威尔士语中的"deunaw",不是吗?是的,但这是有代价的。要将18重新命名为20,我们就必须放弃以十(10)、百(10×10)和千(10×10×10)为基准的语言体系。取而代之的是,我们需要把数字拆分成9、81(9×9)和729(9×9×9)的组合。这一改变将彻底改变我们的整个命名系统。

那么,700(7个10×10)将不再是一个简洁而巧妙的名称,它会变成拗口的857:8个9×9、5个9,加上余数7。

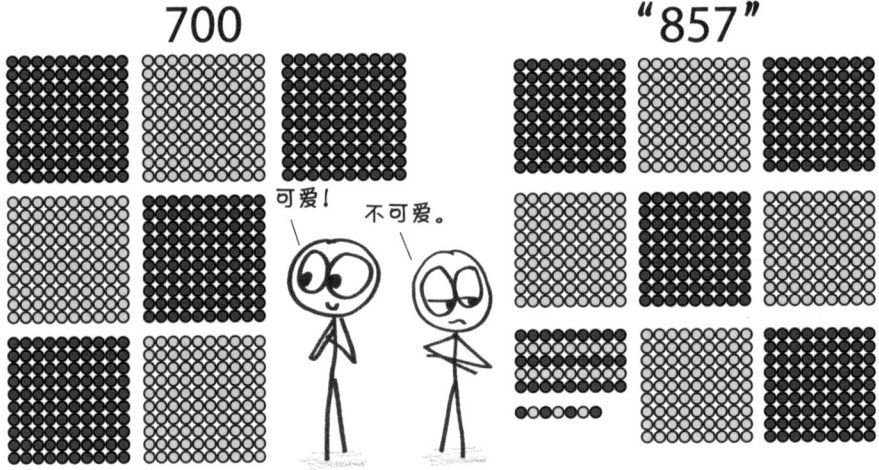

与此同时,原本平平无奇的729(7个10×10、2个10,加上余数9)则会变成美妙而简洁的整数1 000:1组完美的9×9×9。

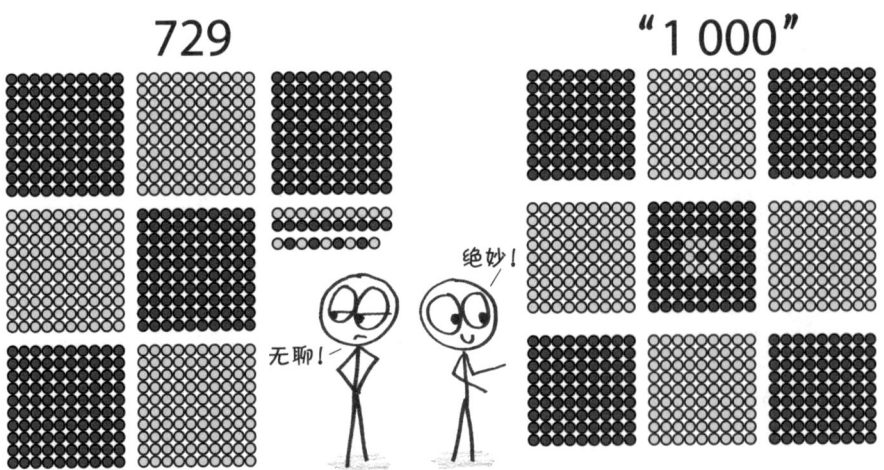

数字本身并没有改变，改变的只是它们的名称。然而，名称塑造了我们的世界。在以"deunaw"为基准的世界中：同学们会在毕业30周年（原本应是27周年）的聚会上相互拥抱、城镇举行盛大的游行来庆祝建城81周年（在九进制中，这相当于一个世纪）、司机会在里程表显示59 049（这个数读作100 000）时停车拍照留念。

数字对我们意义重大：10岁生日、50周年纪念日、200周年纪念活动。但我们珍视的到底是数字本身，还是我们赋予它们的名称？

在美国女作家厄休拉·勒古恩的"地海传奇"系列奇幻小说中，有一种关于真名的神秘语言，即一件事物及其真名在某种程度上完全统一，因此只要知晓了一个人的真名，你就拥有了掌控其生死的力量。有时我觉得数学也是这样的：比如我写下数字18和61，然后稍微施一点魔法，便可以揭晓它们的和是79。和"地海传奇"系列中的巫师一样，我可以"通过说出一个原本不存在的事物的真名，召唤出它"。

可惜的是，"地海传奇"系列终究是虚构作品。在现实世界中，我们只能在半真半假之间做抉择。一方面，有一种语言使用的是规整且成体系的名称；另一方面，另一种语言的名称生动且令人难忘。一边有像"18"这种构词单调又缺乏美感的表述，另一边有像威尔士语中"2个9"这样完美的表达。

测量

在一次假日旅行中，当时我3岁的女儿在翻找行李时，发现了我带的温度计。"哦！"她说，"我知道这个怎么用。"我看着她把温度计夹在腋下，等了一会儿，然后拿出来查看。"30磅[①]，"她宣布，"我长高啦！"

诚然，她的"检测方法"还需要改进。不过，在她这个天真懵懂的年

[①] 重量单位，1磅约等于0.454千克。

纪，她已经触及了数学语言的基础：量化。

所谓"量化"，就是将世界转化为数字。我们从现实出发，这是我们存在的神秘且不可化约的架构。然后，作为人类，我们给它赋予一个数值。我们把长的东西化约为一个名叫"长度"的数字，重的东西化约为名叫"重量"的数字，而聪明程度则用一个叫"考试分数"的数字来衡量。这种量化没有边界（也不讲情面）。生活中似乎每周都有一个新的、迄今为止未被量化的部分——比如怀旧之情、悲痛之情或者一碗面汤——坠入某个野心勃勃的厌世者的魔掌之中，然后迅速就被转化成了数字。

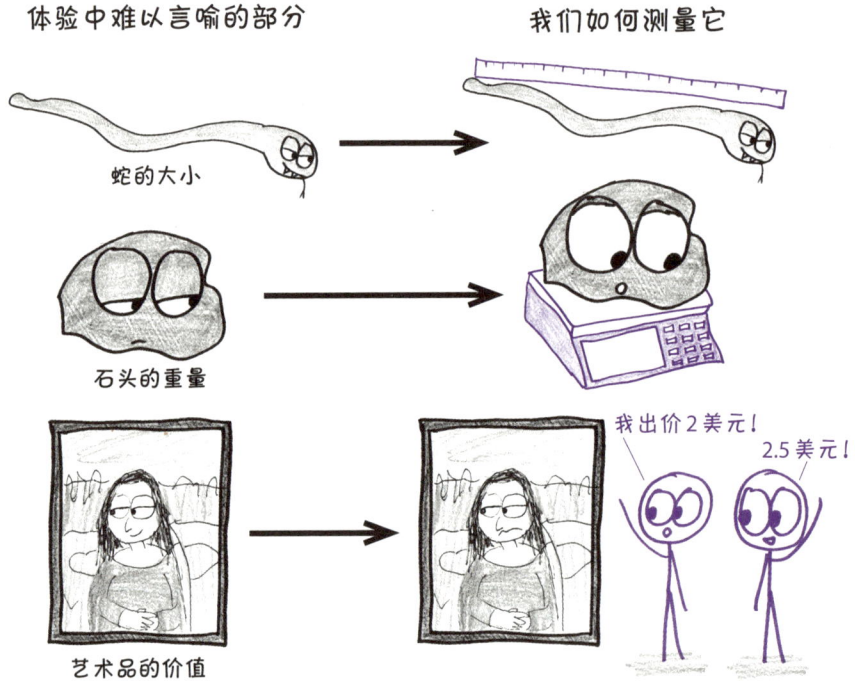

量化的另一种说法是测量。而且我们都知道，测量需要工具。如果想测量时间，我们需要一块秒表。如果要评估民意，我们需要开展民意调查或者投票。如果想测量温度，我们需要一支温度计，而如果想测量身高或体重，很显然，我女儿觉得也可以使用温度计。即使是最简单的测量行为，比如清点洗澡玩具的数量或者记住某个人的年龄,也需要借助相应的工具:可以是手指,也可以是墙上的日历。

没有绝对精准的测量。多年来,我一直告诉别人我的身高是5英尺[①]9英寸[②](约为175厘米),直到有一天我看了自己的驾照,才发现我的法定身高只有5英尺8英寸(约为173厘米)。这可不(仅仅)是个人的妄想,而是我的身高的确介于这两个数值之间。更糟糕的是,我的身高还会因为测量方式的不同而变化,比如穿上鞋子身高会增加1厘米,穿袜子会增加1毫米,甚至还要考虑一些看似毫不相关的因素,如在一天中的哪个时间测量(由于重力会轻微压迫我们的脊椎,所以我们早上会比晚上高一些)。而且不管怎么说,卷尺上的刻度线还有大约1/3毫米粗,所以测出来的结果永远不可能比这更精确。

任何测量行为都难免产生误差。世界上最精确的钟表每一两年也会慢1纳秒。就连计数本身也并非万无一失。随便给某人一罐软糖,他不可避免的注意力分散会导致计数结果大约有1%的误差。

测量结果看起来精确无误,但它们实际上源自一个本质上就不精确的过程。从这个意义上说,测量和洗钱没什么两样。

---

① 1英尺约等于0.304 8米。
② 1英寸约等于0.025 4米。

考虑到这些情况，我有点惊讶的是，数学家通常不怎么纠结"测量"这个概念。事实上，在解释数字的特性时，他们几乎很少提及测量。

以负数为例。你没法数出-3只狗，无法走-3英里的路程或者睡-3个小时。事实上，任何测量过程都不可能得出"-3"这个结果（除非我们故意在温度计上标一个"-3"的刻度，但实际情况是水银上升的距离是正数）。

如果数字源自测量，那么-3从何而来呢？

无理数也是如此，比如√2和π。要测量一个无理数的长度，你需要一把无限精确的尺子，这显然是不可能的。但如果任何测量都无法得出无理数，那么从某种意义上说，"无理数"到底算不算数字呢？

还有虚数（比如i，它是-1的平方根）。"虚"这个前缀本身就是一种羞辱，来自一位拒绝承认它们存在的数学家。虚数不会出现在数轴上，而是在数轴的上方或下方。真奇怪。它们显然不是测量的结果，但它们也是数字。

不是吗？

当然是。负数、无理数和虚数的出现是十分自然的现象——它们并非源于测量本身,而是产生于测量数据之间的模式和计算。用5减去8,嘿!结果就是负数。计算正方形的对角线长度,砰!得到的是无理数。求解像"$x^2 = -1$"这样简单的方程,嘭!答案是一个虚数。关于数字的语言或许始于测量,但它们很快就有了属于自己的发展规律。

总有一天,我的女儿会了解这些并非由测量产生的奇怪数字。或许要不了多久,她就会知道腋下测量的体温并不准确,尤其不适合用来判断身高和体重。不过现在,我很高兴她已经领悟了一个基本的道理:当我们把温度计塞到现实的"腋下",并得出一个数字时,数学语言就开始了。

负数

高中时,我有个同学因为总爱在课堂上扯些不着边际的话题而臭名昭著。有一次他说:"嘿,我给这堂课做了点贡献……虽然可能是个负数,但在我看来,它仍然是一种加法运算。"

我一直很喜欢他说的这句话。它捕捉到了负数的精髓:一种缺失的存在。大量的缺失也是一种存在。

负数是一种语言技巧,一种化对立为统一的方式。"山峰不可能是山谷,"爱丽丝对红皇后说,"不然就太胡闹了。"[①] 但有了负数,山峰也可以是山谷,或者更确切地说,山谷是负的山峰。我们不再说"海平面以下300英尺"或者"海平面以上14 000英尺",而是把海拔表示为 – 300 和 + 14 000(有时会省略"+"号)。同样,我们不再说"火箭发射后8分钟"或者"发射前15分钟",而是将时间标记为 + 8:00 和 -15:00。某些介词("在……之后""在……以上""向前"和"向上")被转化为"+",而它们的反义

---

① 该内容为作者以英国作家刘易斯·卡罗尔的著作《爱丽丝镜中奇遇记》中爱丽丝与红皇后的情景来引出对负数概念的一种形象化解读和思考。

词("在……之前""在……以下""向后"和"向下")则被转化为"－"。

负数和正数如同镜像一般,它们共同构成了被称为"数轴"的连续统。自从数轴在17世纪被广泛使用以来,它的新奇感虽已消退,但其影响力依然强大。

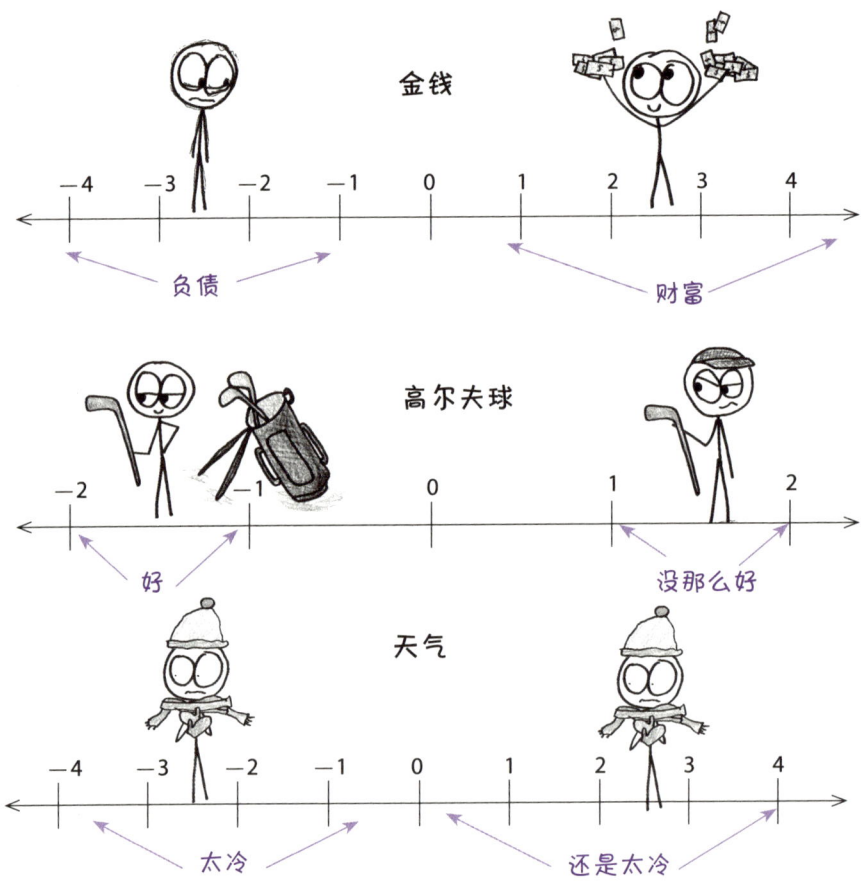

今天,我们把计数用的数字(1,2,3…以此类推)称为"正整数"。它们和0、正整数的相反数——负整数(－1,－2,－3…以此类推)共同组成了"整数"。简单易懂吧。那么,为什么几百年来,有很多数学家一直拒绝承认负数是真正的数字？为什么迈克尔·施蒂费尔[①]会痛斥"负数"这一概念"荒谬至极"，是"胡编乱造"出来的呢？为什么婆什迦罗[②]会指出"人们不认可"它们？为什么弗朗西斯·马塞雷斯[③]会认为负数"纯粹是胡言乱语或莫名其妙的黑话"？

这一切都可以归结为一个简单的问题：如果一个人只有2美元，那么他怎么可能花掉3美元呢？

任何有信用卡的人都可以告诉你答案：对他们来说，这太简单了。

负美元更通俗的说法是"负债"。为了在脑海中形成对负数的概念，我们可以想象，绿色的1美元钞票（用"＋"表示）有一个与之相对应的邪恶之物：红色的负1美元（用"－"表示）代表1美元的负债。借助这两种钞票，我们就能以多种不同的方式具象化相同数量的钱。

---

① 迈克尔·施蒂费尔（Michael Stifel，1487—1567），德国数学家，也是最早系统研究负数和分数运算的数学家之一。尽管他对负数的理解还存在一定的局限性，但他的工作为后来人们对负数的正确认识奠定了基础。

② 婆什迦罗（Bhaskara，约1114—1185），印度数学家、天文学家，其在数学领域的重要贡献之一是，明确指出了负数的存在和意义，并且给出了负数的运算规则。

③ 弗朗西斯·马塞雷斯（Francis Maseres，1731—1824），英国数学家、法律学者，对推动代数在英国的发展起到了积极作用。

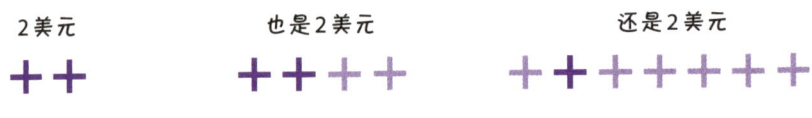

这种直观的方式让我们得以理解涉及负数的运算。例如,往你的钱包里增加一个正数,也就是获得绿钞,你的钱就会变多。这将会改善你的财务状况。

与此同时,如果从你的钱包里减去一个正数,也就是交出绿钞,你的钱就会变少。这会让你的财务状况变得糟糕。事实上,如果你一开始既有绿钞又有红钞,比如7张绿钞和1张红钞,那么失去足够多的绿钞可能会让你负债。

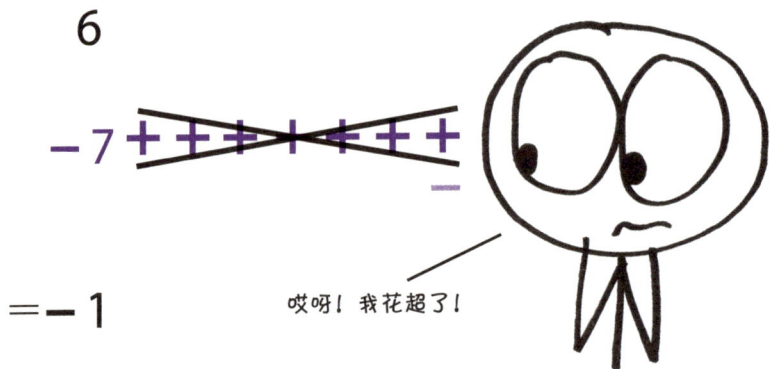

接下来，如果往你的钱包里增加一个负数，会发生什么呢？也就是获得红钞，这可不是什么好消息。因为这样的"加法"会让你变穷。

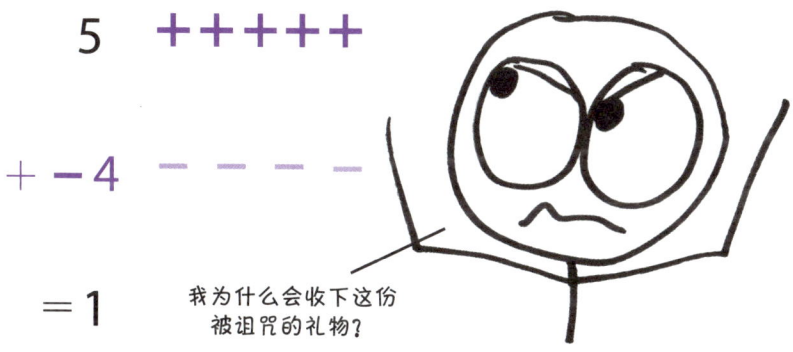

另一方面，从钱包中减去一个负数，也就是扔掉红钞，这对你来说是一种收益。因此，这样的减法会让你变得富有。如果一个人同时拥有一些资产（比如7美元）和债务（比如3美元），那么还清债务会让他的净资产（已经是正数）进一步增加。

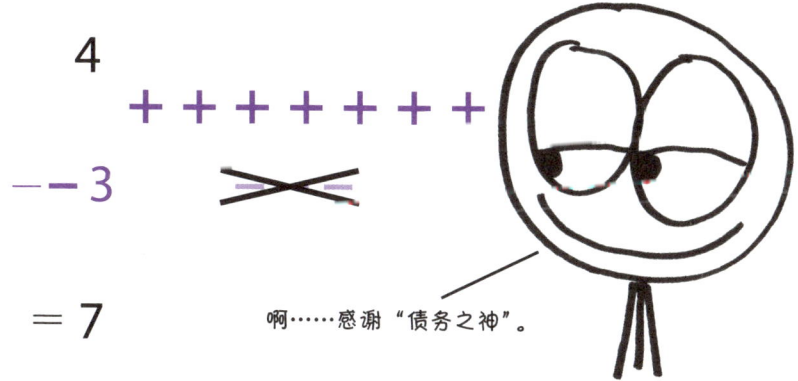

在这套系统中，这两个符号（"＋"和"－"）代表着4种概念：正数（＋）、负数（－）、加法运算（＋）和减法运算（－）。当一个符号同时承担多重任务时，数学家们称为"重载"。这种重载让一些老师抓狂：如果有学生把"－7"（数字）和"－7"（减法运算）混为一谈，他们就会大发雷霆。

我欣赏他们的这种认真态度，但不认同他们的做法。"负7"和"减7"（都写作"－7"）的确容易混淆，但它们本来就是被有意混淆的。忽略二者的区别，你反而可以发现一种美妙的模式，就像你只有刻意模糊视线的焦点才能看到隐藏在图像中的3D图案。

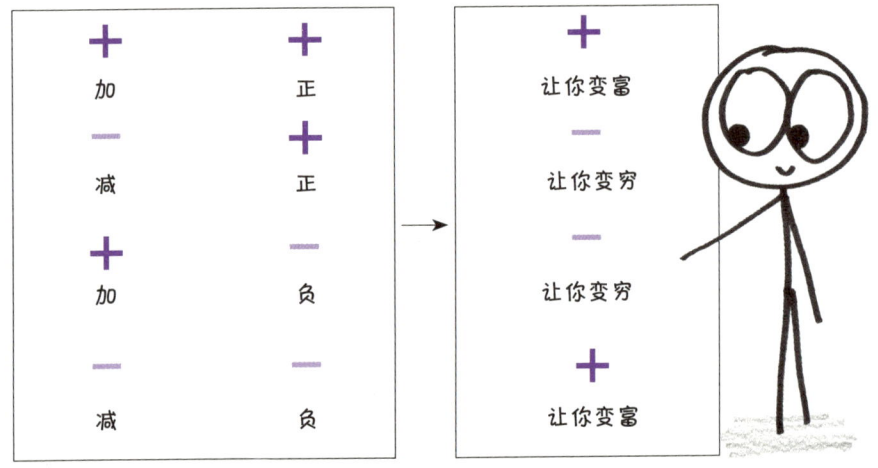

上面这张图表解释了那句令人迷惑却又常见的说法：负负得正。如果把它当作一个普遍规则，就大错特错了。比如你先向别人借20美元，再借30美元，你并不会变得更富有，反而负债更多。英国诗人W. H.奥登回忆起他学生时代的一句顺口溜："负乘负得正。个中缘由，我们无须讨论。"

个中缘由（我们的确需要讨论）就是一个事物的反面的反面就是事物本身。白天的反面是黑夜，黑夜的反面是白天。因此，"白天的反面"的对立面还是白天。

当我说"别不跳"时，我的意思是让你跳。基于同样的逻辑，负数乘以负数就是反面的反面（所以得正）。

第一部分　名词：被称为"数字"的事物　　25

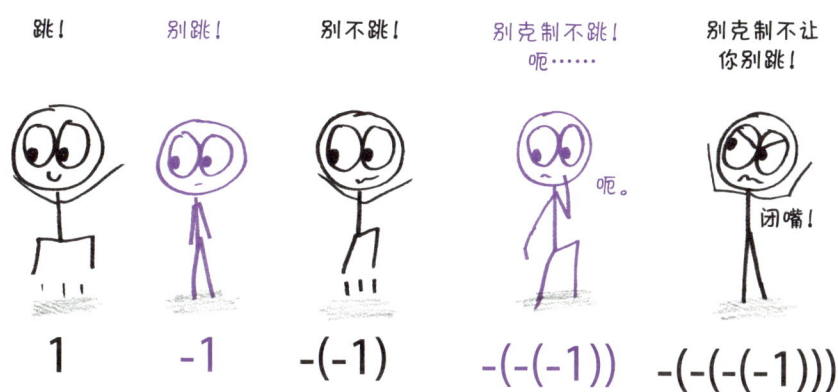

当我向学生阐述这个逻辑时，他们的反应就好像我给他们表演了一个精彩的纸牌魔术。也就是说，他们并没有完全信服。显然，在他们看来，其中肯定耍了什么花招。于是我不得不指出，负数本身就是一种"花招"——事实上，拒绝接受负数也是完全合理的。

不信你可以问问9世纪阿拉伯数学家阿尔·花剌子模（al-Khwārizmī）——被尊称为"代数之父"。他演示了如何求解二次方程，但如果你把今天教科书里的二次方程"$ax^2 + bx + c = 0$"拿给他看，他会把中世纪的茶水泼到你脸上。"这简直是亵渎神明！"他一定会说，"你是说这三个数相加等于零？一些苹果加一些苹果再加一些苹果，最后的总数等于……没有苹果？"

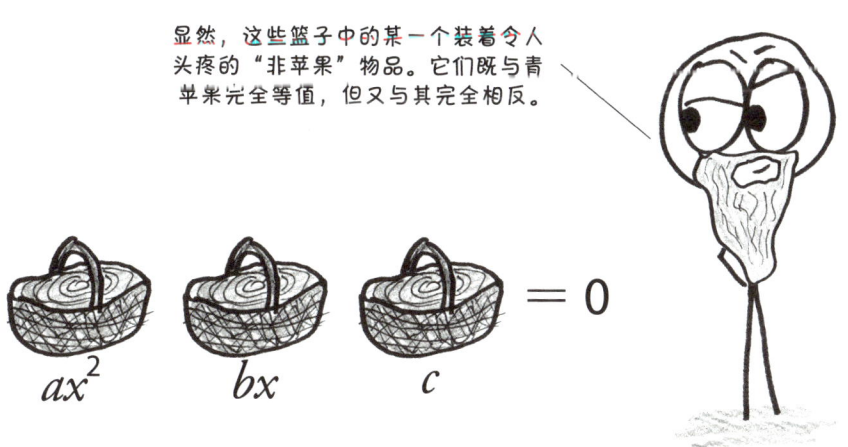

对他来说，让一个篮子所代表的量等同于另一个篮子所代表的量，或者两个篮子里的物品总数等于第三个篮子里的数量，这样才说得通。这就是花剌子模看待问题的方式——这也是为什么他求解的不是1个二次方程，而是6个，而且每一个都经过精心编排，以避免出现负数。

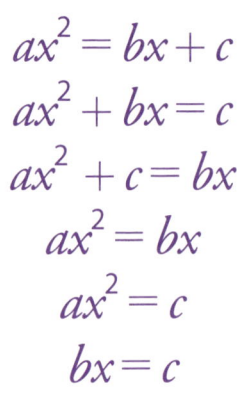

我承认负数很考验想象力。但如果你不想发挥想象力，就需要牺牲6倍的便利性，因为一个头疼的问题会被拆分成6个来处理。

正数非常适合用于计数和测量。但负数承担着另一个任务：构建一个统一、和谐的系统。两种概念（"海平面以上"和"海平面以下"）合二为一（"海拔"）。两种运算（"加法"和"减法"）变成了一种（在现代代数中，所有减法都被重新理解为"加上相反数"）。6个方程（花剌子模不厌其烦的例子）变成了1个（简洁的现代通用方程）。

如此一来，负数通过简化数学运算提升了数学的效率。它们通过减法来实现加法运算。这就像那个老笑话里说的：派对上有位客人非常消极，以至于他一到场，其他人就会问："等等，刚才谁走了？"这样的改进方式或许有些奇特，但在我看来，负数依然是一种加法运算。

分数

在一次节日派对上,我和一位教授边喝酒边抱怨数学教育的"原罪",也就是那个会引发一连串失败的症结所在:分数。对很多学生来说,分数就像一个缓慢膨胀的疑团,一片永不消散的迷雾。

"他们需要理解的,"这位教授坚持认为,"也是我们需要教给他们的是,分数首先是'**等价类**'。"

我假咳了几下,才没笑出声。对啊,老兄,真是个绝妙的主意啊。我们就应该直接告诉学生,分数其实是一种等价关系下的整数有序数对 (a,b),当且仅当 $ad=bc$ 时,$(a,b)=(c,d)$。我以前怎么就没想到呢?我一边点头附和,一边在心里默默更新了"数学教授都是外星人"的证据列表。

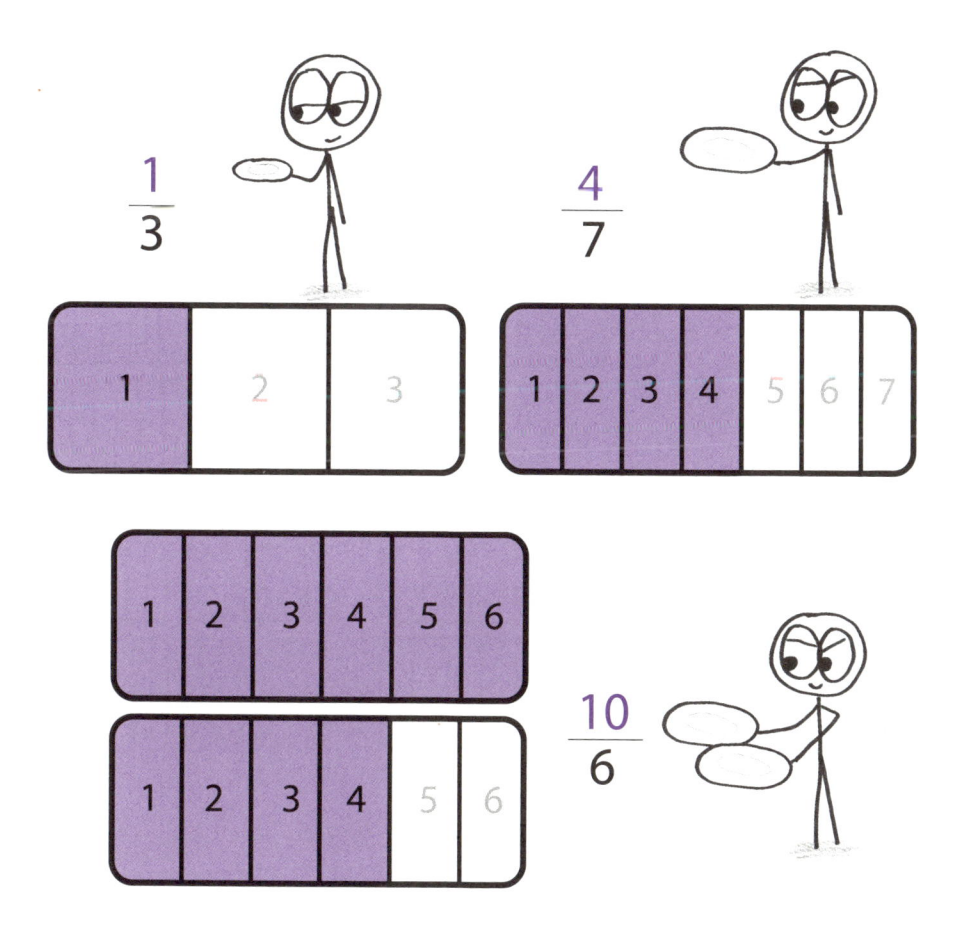

多年后，当我坐下来试图在这一章的笔记中找到一条共同线索时，真相如当头一棒般让我猛然醒悟。你需要理解的是……对，分数就是等价类。

分数是一种用来表示介于整数之间数量的语言。如果你想批量购买蛋糕——无论是3个、4个还是17个——整数就够用了。但如果你想按块来买蛋糕，那就需要用到分数——它涉及两个数字。分数线下方的数字，也就是分母，表示一个蛋糕被分成了多少块；分数线上方的数字，即分子，表示我们要买的蛋糕块数。

这种语言有一个令人眼花缭乱的特性，即每个分数都属于一个由无数"**同义表达**"组成的大家族。或者，用数学术语来说，分数构成了等价类。

假设我想吃半个蛋糕，我可以把它切成两半，然后吃掉其中一半。我也可以把它切成4块，吃掉2块；或者切成6块，吃掉3块；甚至切成800块，吃掉400块。我不必担心这会造成混乱。在数学领域，分数是一个抽象概念。只要我愿意，我可以把蛋糕切成100万亿块薄到快要看不见的小片，然后吃掉其中的50万亿块。从数学层面来说，这和切成两半并吃掉其中一半的效果是一样的。

这就是为什么分数的"杀伤力"如此惊人。那么，我们要如何掌握这种拥有无数"同义表达"的语言呢？

要想逃离这座由无数"同义表达"所构建的"迷宫"，方法之一就是切蛋糕时，切出的切块数量应刚好满足必要需求，切勿切得过多。也就是说，用尽可能小的数字来表述分数（我们恰如其分地把这种形式称为"最简分数"），比如只要能说 1/5，就不说 2/10；只要能说 3/4，就不说 66 351/88 468。

可是……你不就点了这么多吗？

是的，但我不想切成这样。

这种简化通常很有用，但有时也会弄巧成拙。为了规避分数带来的挑战，有时我们会错失见证其魅力的机会。

例如，当描述 3/4 小时，使用同义表达 45/60 不是更清晰吗？同样，说 1/4 个世纪是不是比 25/100 个世纪更难领会？既然有这么多的量已经被预先分割，我们为什么还要坚持尽可能少地切块呢？

分数的同义表达对于分数的加减法运算来说也是必不可少的。如果我想吃3/4个蛋糕,而你想吃1/6个蛋糕,那么我们俩一共需要多少蛋糕?如果我们把蛋糕切成4块,你的那一份就太大了;但如果切成6块,我的那一份又太小了。该怎么办呢?

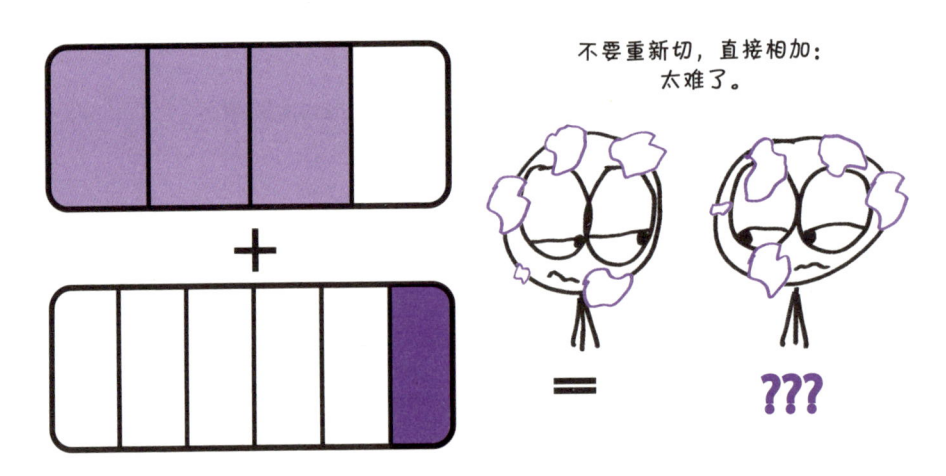

解决的办法是,我们把蛋糕切成既能被4整除又能被6整除的块数。12块就很好。现在,我的那一份就变成了9/12,你的那一份是2/12,我们俩加起来就是11/12。分数的同义表达立了大功。

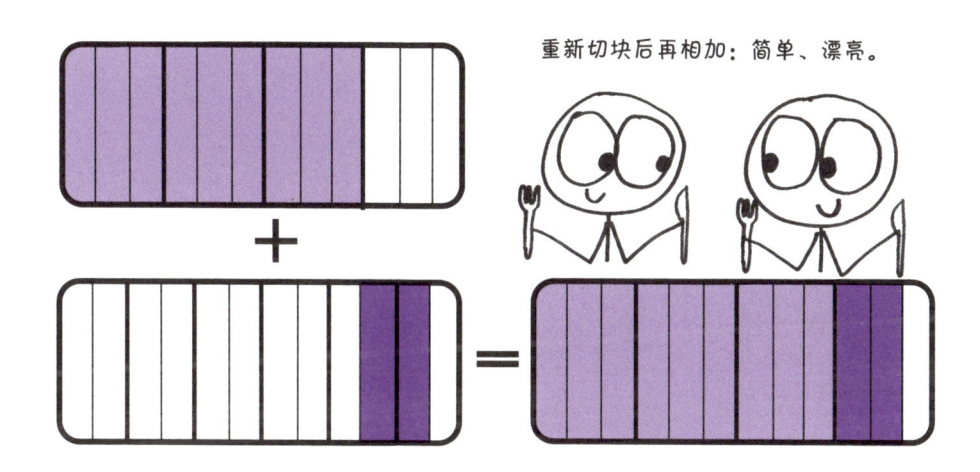

那分数乘法呢？假设我有4/5个蛋糕，并且想把其中的2/3分给你。在这种情况下，同义表达也能帮上忙：把蛋糕切得更小一些。以我目前拥有的份额（5块中的4块）为例，把每一块再切成更小的3份（这样我就有15块中的12块），然后再从每3块中给你2块（于是你得到了15块中的8块）。从数学角度来讲，我们只需用4/5乘以2/3，就得到了8/15。

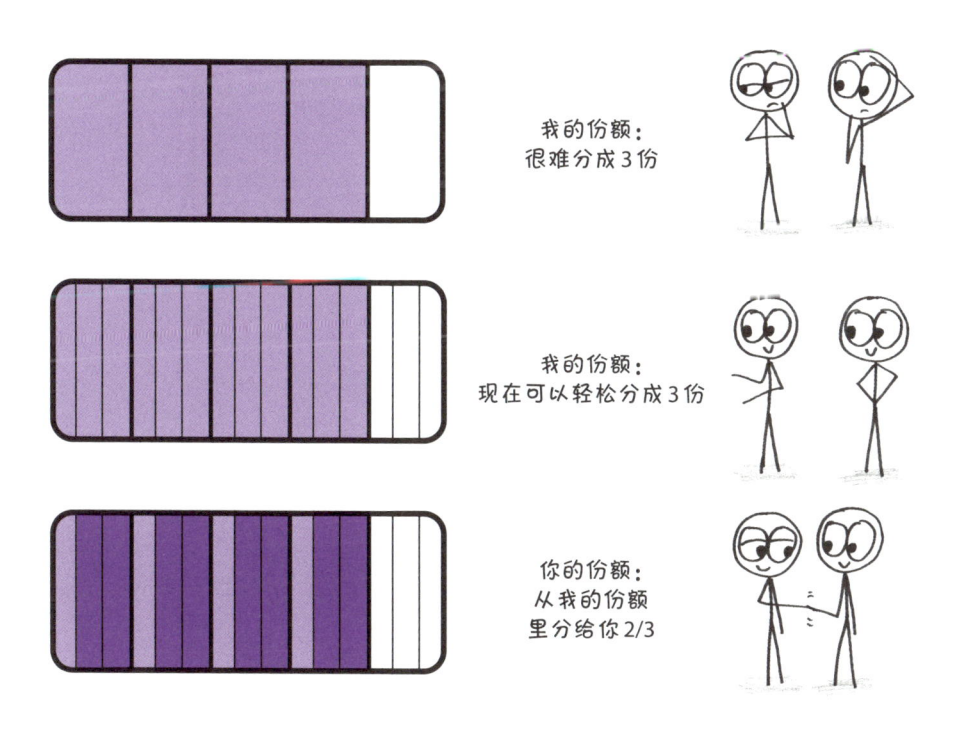

我得承认，现实生活中没人真的像这样去计算分数乘法。有一个更简单的办法：只需把分子和分母分别相乘就好。用2×4和3×5，就能得出 $\frac{2}{3} \times \frac{4}{5} = \frac{8}{15}$。答案同样正确，而且不费脑子。

但这种方法的乐趣也正是它的危险所在：它无法在脑海中形成具体的画面。它没有思考过程，只是机械的计算。正因如此，它容易导致一些无意识的错误。

例如，学会"交叉相乘"这一方法的学生常常会将其错误地类推到"交叉相加"。他们可能会得出像"$\frac{1}{4} + \frac{1}{6} = \frac{2}{10}$"这样荒谬的结果。在这个奇怪的运算里，两个数的和竟然比其中任何一个都小。每当有学生问"我能像这样把分数的分子和分母分别相加吗？"时，我体内的应激激素就会爆表，就好像他们问的是"我可以把这把叉子捅进墙上的插座里吗？"

你永远无法摆脱分数的困扰。随便指给我一个埋头苦读的高中生，我就能向你展示他们对分数有一种潜在的不安，这种不安就像童年噩梦般萦绕不去。

问问连锁餐馆A&W[①]的负责人就知道了。20世纪80年代，他们大力宣

[①] 美国的一家快餐连锁企业，成立于1919年，总部位于肯塔基州莱克星顿。它是世界上第一家连锁快餐店，也是美国历史最悠久的快餐品牌之一。

传的新品"三分之一磅"汉堡遭遇了失败，其售价和麦当劳的"四分之一磅"汉堡一样，而且根据试吃小组的反馈，味道也不相上下，但消费者就是不感兴趣。当时人们质疑道："既然花同样的钱能买到四分之一磅汉堡，我为什么要买三分之一磅？"

那些说"顾客永远是对的"的人，肯定没遇到过声称1/3比1/4小的顾客。话又说回来，从某种程度上讲，这些顾客的话是有道理的：他们说对了分数带来的挑战，也说对了比较那些有着无数"伪装"（等价形式）的数字时的微妙之处。即使我们中有人知道1/3比1/4大，但要比较3 997/4 001和4 996/5 001这类数字谁大谁小，可能也会感到吃力。

当然，没有哪家蛋糕店会把他们的蛋糕切成5 001块。但数学可不在乎切东西的刀具和碎屑之类的事，它直接把美味的"佳肴"呈现在人们的脑海中。

小数

我画过一幅漫画并将其发布在了自己的社交平台上，没想到的是，一周内的浏览量竟高达200万人次，这比我的博客一年的访问量都要多。当然，漫画里的笑话并非我的原创，是我从豪伊·华那里借鉴来的。豪伊是网络上最友好的数学老师之一，他揭示了一个深刻而原始的矛盾点。

分数队：

听着，我们是你们可以信赖的理性之人。

小数队：

当你毫无立场时，理性又有什么用呢？！

a/b

$a.b$

分数令我着迷。它们就像一家私房烘焙店，无论你想把蛋糕切成多少块，都没问题（"切成17块，但只要14块？没问题，亲爱的"）。但有时我很难领略小数的魅力所在。它们就像一台冰冷的机器，只会机械地把蛋糕切成10块。永远都是10块：不多也不少。

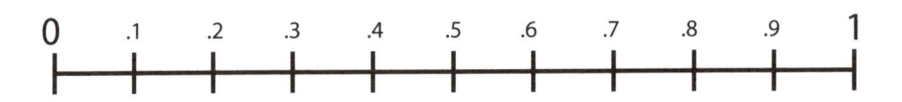

想更精细一点？那就把10块中的每一块再切成10块。

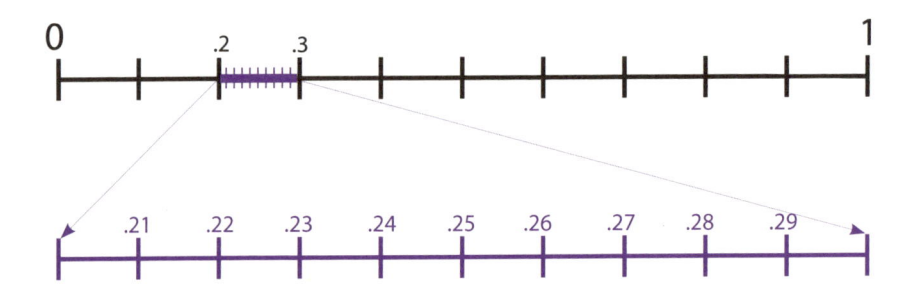

第一部分　名词：被称为"数字"的事物

还要再精细？继续把每个小块都切成10块。

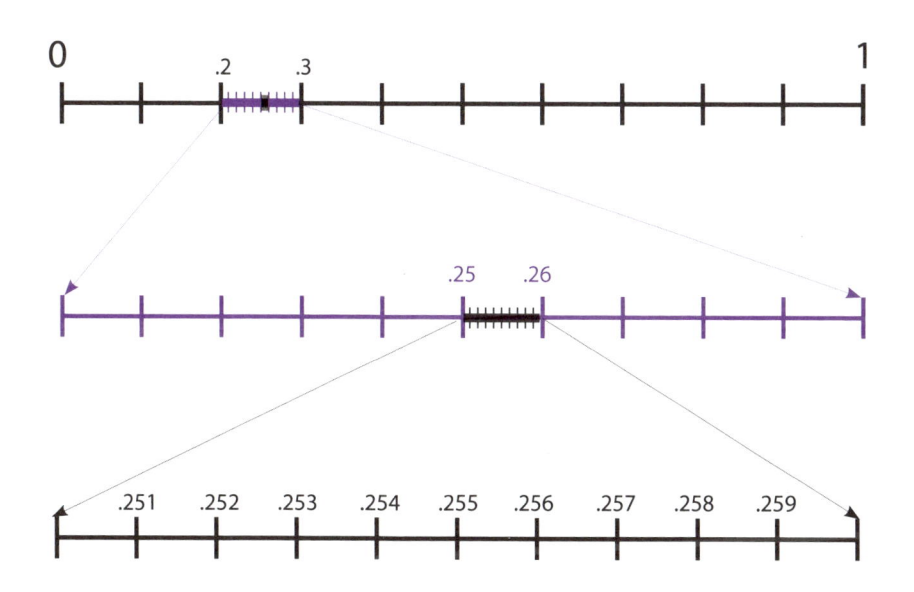

从这个角度看，小数延续了十进制系统的逻辑。就像我们用10个10再乘以10（10的幂次）来构建较大的数字一样，现在我们可以用1/10乘以1/10再乘以1/10（10的负幂次）来表示较小的数字。事实上，在数学家眼中，"小数"和"十进制"是一回事。

无论是向上还是向下，都是10的延伸。

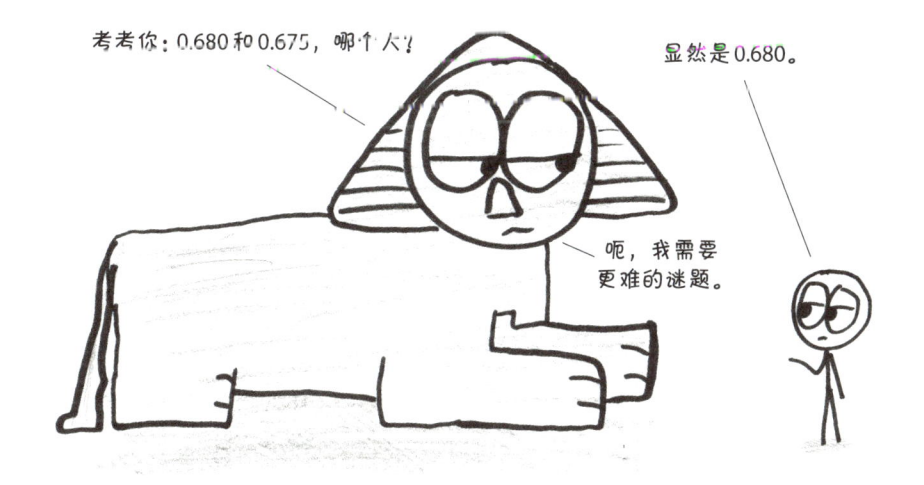

考考你：0.680和0.675，哪个大？

显然是0.680。

呃，我需要更难的谜题。

我不能否认这套系统的优点。比较分数的大小可能会让人头疼（17/25 和 54/80，哪个更大？），但比较小数就简单得多（显然 0.680 比 0.675 大）。同样，分数计算需要灵活运用新的算法（如计算 $\frac{3}{8}$ + $\frac{2}{5}$，我们需要将其转化为 $\frac{15}{40}$ + $\frac{16}{40}$），小数计算则不需要（比如 0.375 + 0.400，我们可以直接得出答案是 0.775）。

但这些优点背后有一个严重的缺陷：在小数这种表达体系中，某些概念是无法表述的。有些概念没有对应的表述方式，有些数字没有合适的名称。

以 1/3 为例：这是一个简单的、日常会遇到的数量，小数却无法准确地描述它。1/3 从这套系统的缝隙里溜了出去。它介于 0.3 和 0.4 之间、介于 0.33 和 0.34 之间、介于 0.333 333 3 和 0.333 333 4 之间。尽管这些近似值已经非常接近 1/3，但它们永远无法真正到达 1/3。要准确表达 1/3，我们需要一个无限长的小数，一个永无止境的 3 的队列。如果你的手写酸了，或者笔记本写满了，抑或这些数位已经到达已知宇宙的边缘——如果这些 3 出于某种原因而中止了——那么你所表达的就不是数字 1/3，而是它的一个近似值。

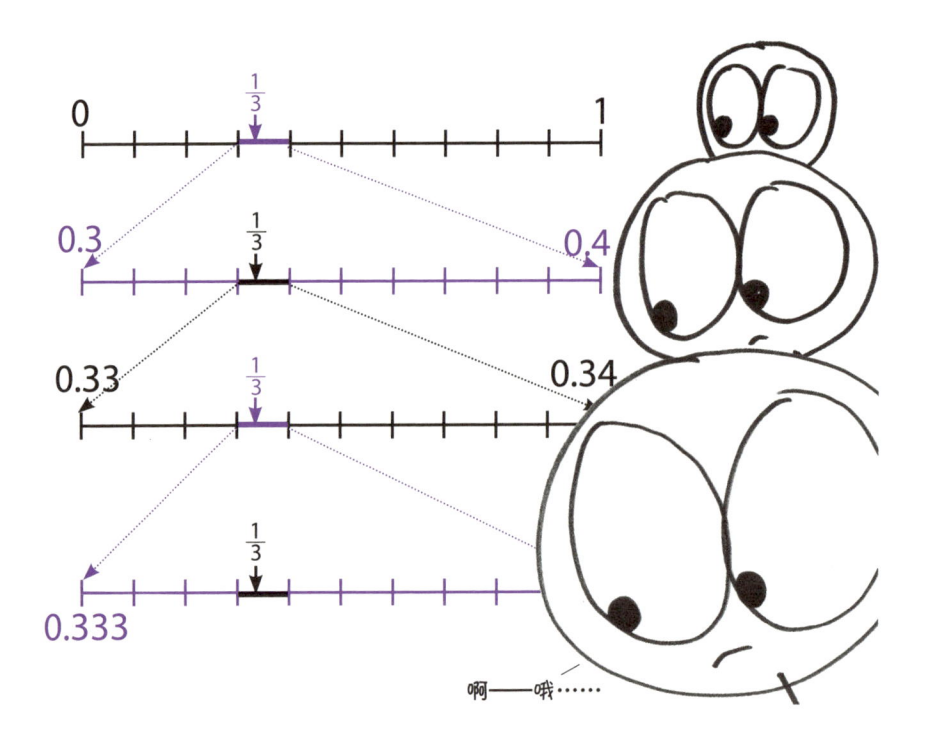

我并不反对近似值。在大多数情况下，差不多也就足够了。例如，如果你想要 1/3 米长的牙线，那么 0.333 米的误差大概也就是一张信用卡的厚度，0.333 33 米的误差大约相当于一根头发丝的直径，而 0.333 333 333 333 333 333 333 333 333 333 33 米的误差则小到在"测量"这个概念下所能达到的最小距离。没有必要再进一步了。每个人都接受量子力学所规定的阈值——即使是牙线的使用者。

尽管如此，小数以精确著称这件事还是挺有意思的。事实恰恰相反：小数是一种用来表达近似值的语言。它们所代表的数学是一种"呃，差不多就行"的数学。

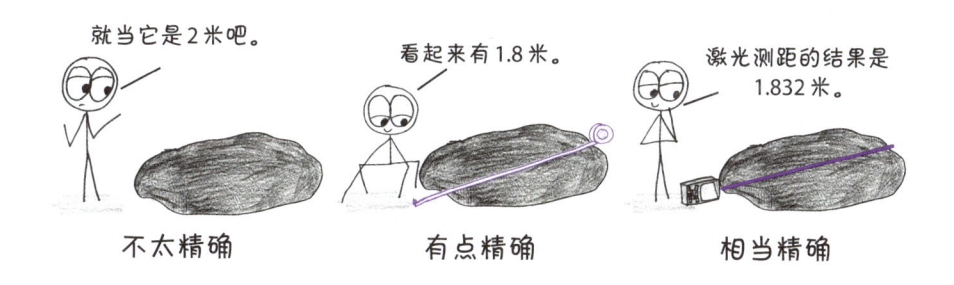

就当它是 2 米吧。　　看起来有 1.8 米。　　激光测距的结果是 1.832 米。

不太精确　　　　　　有点精确　　　　　　相当精确

不管怎样，既然没有哪个小数能精确等于 1/3，而且我们也不想在追求无穷的徒劳尝试中耗尽地球上所有的笔，所以我们采取了一种更有创意的方式，也就是说，我们耍了个小手段。我们写成 $0.\bar{3}$（读作"零点三循环"），然后将其当作正确的表示。

如何用有限的纸和耐心写一个无限长的循环小数

$$0.3333333333333\cdots \to 0.\bar{3}$$

$$0.189\,189\,189\,189\,189\cdots \to 0.\overline{189}$$

$$0.4682\,67\,67\,67\,67\,67\cdots \to 0.4682\overline{67}$$

当我第一次教 11 岁的学生，布置了一些答案是 2/3 或者 5/6 这样的题目时，我期望他们给出的答案是分数形式。但是我想错了。学生们拒绝把分数当作最终答案，他们坚持写成 $0.\bar{6}$（意思是 0.666 666 666…）或者 $0.8\bar{3}$（意思是 0.833 333 33…）。我试图纠正这种愚蠢的做法。"想象一下你会说两种语言，"我告诉他们，"其中一种语言里有表示'门'的词，而另一种语言里没有——你只能说'Tuk-tuk-tuk-tuk-tuk……'并一直重复这个音节。那么，当你需要谈论'门'时，你会用哪种语言呢？"

教室里立刻响起一片"Tuk-tuk-tuk-tuk-tuk"的声音，于是我知道在这一轮较量中，小数队赢了。

取整

漫步在林荫大道上，你遇到了一位先知。他身着飘逸的长袍，双眼炯炯有神，一副十足的预言家派头。先知允许你提一个问题，于是你问道："我们所熟知的人类文明还能存续多久？"

先知低声答道："1 000年。"

听到这个答案，你带着些许宽慰离开了。1 000年是很长的时间，而且无论如何，你没有理由认为人类文明会在整整1 000年后戛然而止。也许是1 017年，或者1 194年，抑或终结会来得很温和，没有哪个确切的年份可以被认定……

等等，抱歉。我作为叙述者失职了。实际上，先知的低语远没有那么让人宽慰，因为他说的是："997年119天14小时33分钟。"

这个令人沮丧的思想实验强调了**数学语法**中的一个关键要素：取整。取整是指将一个数精确到特定的程度来表述，比如将我这本书（英文版，共包含82 771个单词）的总字数精确到千位。在这种情况下，我们需要找到82 771所处的区间（82 000和83 000之间），然后取二者中更接近的那个（如果这个数恰好位于中间点82 500，那么取整82 000或83 000都可以，不过按照传统，我们一般向上取整）。

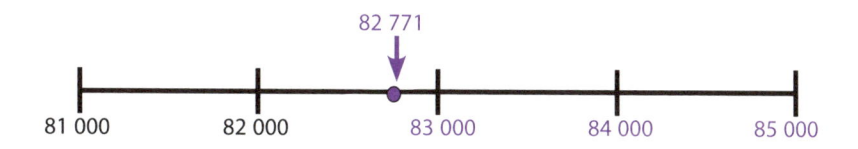

```
                    82 771
                      ↓
  |————————|————————|●———————|————————|————————|
81 000   82 000    83 000   84 000   85 000
```

取整会模糊细节。一本声称包含"83 000个单词"的书，实际字数可能是82 500到83 500之间的任意一个数。如果我们以"万位"取整，那么一本包含"80 000个单词"的书最少可能只有75 000个单词，最多可达85 000个单词。这个范围相当宽泛，这就引出了一个问题：究竟是哪种狡猾的骗子会故意想模糊细节呢？

好吧，在这团我们称为"现实"的混沌中，我们之所以要模糊细节，是因为细节本身就已经是模糊的。正如丹麦物理学家尼尔斯·玻尔曾说："表达自己时，清晰程度切勿超过你的思考深度。"

有时，数字被用于一个模糊的目的。如果你想知道读完某本书需要多长时间，将单词总数精确到82 771个完全没有必要——而且更糟糕的是，它还具有误导性。每个人的阅读速度各不相同。这就好比你在不知道自己是以每小时25英里还是75英里的速度行驶的情况下，有人却要求你把行驶距离精确到1/10英里。

还有些时候，数字源自一个模糊的测量过程——其实任何测量过程都是如此。没有哪支移液管是完美无瑕的,也没有哪块秒表是毫无误差的。当测量一个3岁孩子的身高时,说"93.7厘米"其实是对精确性的一种不实表述。更诚实的说法是"94厘米"(或者只说"90厘米"也行,这取决于这孩子有多好动)。

纽约大学新闻学教授查尔斯·塞费在他的《数字是靠不住的》一书中讲了一个笑话:自然博物馆的一位导游告诉游客,那具霸王龙的骨架已经有65 000 038年的历史。"哇,"有人感叹道,"他们是如何把它的年代测定得如此精确的呢?""这个嘛,"导游解释道,"我刚到这里工作的时候,它就已经有6 500万年的历史,而现在,又过了38年。"

问题显而易见:导游把一个整数(6 500万年,精确到百万年)当作了精确的数字(精确到年)来处理。这是一个在不可完全认知的世界中追求完美知识的幻想。塞费将这种错误称为"过度估算":它与正常的估算正好相反。

只要开始留意,你就会发现过度估算的情况无所不在。我从小以为人体正常体温是98.6℉(华氏度)。事实上,人类健康状态下的体温范围在97℉(或略低)到99℉(或略高)。这就像有人测出了37℃的体温,并将其直接换算成了华氏度,却忘了最开始的37℃本身就是一个近似值。

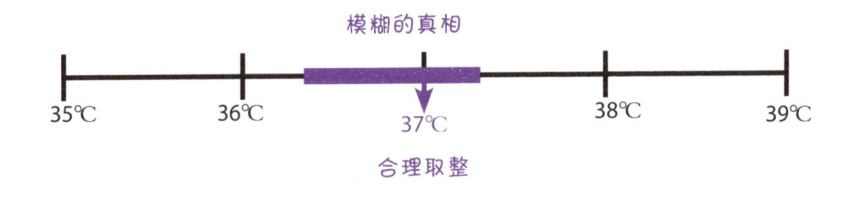

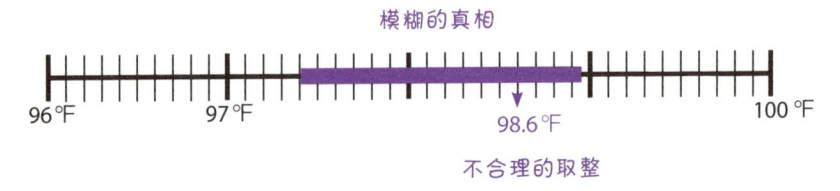

模糊的真相
35℃　　36℃　　37℃　　38℃　　39℃
合理取整

模糊的真相
96℉　　97℉　　98.6℉　　100℉
不合理的取整

你无法把健康人的体温精确到0.1℉。健康人的体温并不是那么精确固定的。

这就引出了数字模糊性最深层的原因：世界本身不可避免的模糊性。

假设这本书包含 82 771 个单词，这意味着什么？这个数字包括书后的尾注吗？插图中的文字算不算呢？像"6 + 4 = 10"这样的等式是算作 1 个单词还是 5 个呢？不同的选择会产生不同的结果：可能是 82 775 个，也可能是 82 894 个。谁能确定哪个数是对的，又有谁能断定真的存在一个"正确"的数字呢？

如果这个数值的上下波动达到几百的量级，那么 82 771 的后三位就毫无意义了。取整到 83 000 更能准确传达我们实际所掌握的情况。

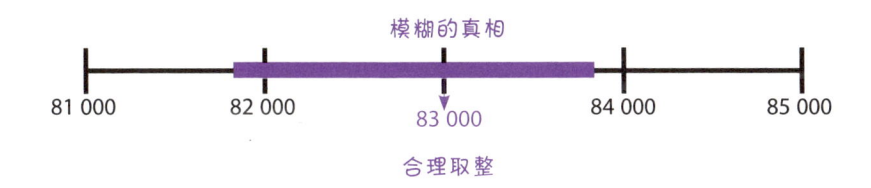

模糊的真相

81 000   82 000   83 000   84 000   85 000

合理取整

也许现代社会中最荒唐可笑的怪癖之一就是，我们期望随时都能获得精确性。在这一点上，我和其他人一样难辞其咎。记得有一次我还抱怨过，奥运会上百米短跑的成绩只精确到 0.01 秒，而不是 0.001 秒。"他们是买不起更好的计时器吗？"我大声质问道，"要不要我给他们买一个 6 美元的秒表？"

然后我意识到，在 0.001 秒内，短跑运动员前进的距离几乎不到 1 厘米。考虑到飘起的上衣和飞舞的头发，我们真的能把运动员的位置精确到半英寸以内吗？这里的限制因素并非时间，而是空间——不是我们没有能力测量得更精确，而是现实本身就无法做到那样精确地被测量。

取整是一种模糊的表达方式，这正适合这个模糊的世界。

世界纪录：（约）9.58秒跑完（约）100米

　　人们对取整的需求解释了为什么各领域的科学家都更青睐小数，而不是分数。每个小数不费吹灰之力就能展现其精确程度：一个5.0千克重的西瓜，其重量可以精确到1/10千克；一个5.000千克重的西瓜，其重量可以精确到千分之一千克；而一个5.000 000 000 000 000 000 00千克重的西瓜，其重量可以精确到一个碳原子的重量。分数的精度就没这么明确了。如果我告诉你一个苹果的重量是1/5磅，这并不能说明我家厨房的秤有多精确。对数学家来说，分数体现的是精确性，它们是一种表达确切数值的语言，不太适合这个不精确的世界。

　　作为这一小节的结尾，让我们再回到那位先知的低语：997年119天14小时33分钟。如此精确的表述暗示着一个精确的事件。我们这个文明的终结不会像罗马帝国的衰亡或摇滚乐逐渐被边缘化那样，是一个缓慢的过程。末日决战应该就在一瞬间。又或者，如果我们运气好，这只是先知犯的一个"过度估算"错误。

量级

　　农场里有那么多好玩的项目，如宠物乐园、南瓜田、乘坐拖拉机，我实在无法理解为什么4岁的弗里达会带着我们直奔玉米池。真的吗，孩子？一个装满玉米的池子？但当我看到那个场景时，我就明白了。那片区域有几个游泳池那么大，四周用干草堆围了一圈，里面装满了玉米粒，深及腰部，多得让人看都看不过来。

"这里的玉米，"我穷尽脑子里的所有词汇，对当时4岁大的儿子说，"可真够多的。"

到底有多少呢？我一定得弄清楚。我沿着玉米池的边缘走了一圈，喃喃自语地计算一番，最后估算出这里总共有3亿颗玉米粒，大约相当于美国的人口数量。弗里达的母亲是位诗人，她做了一个很有诗意的联想："嘿，孩子们，这里的每一颗玉米粒都代表这个国家的一个人。试试看，你能不能找到属于自己的那一粒。"

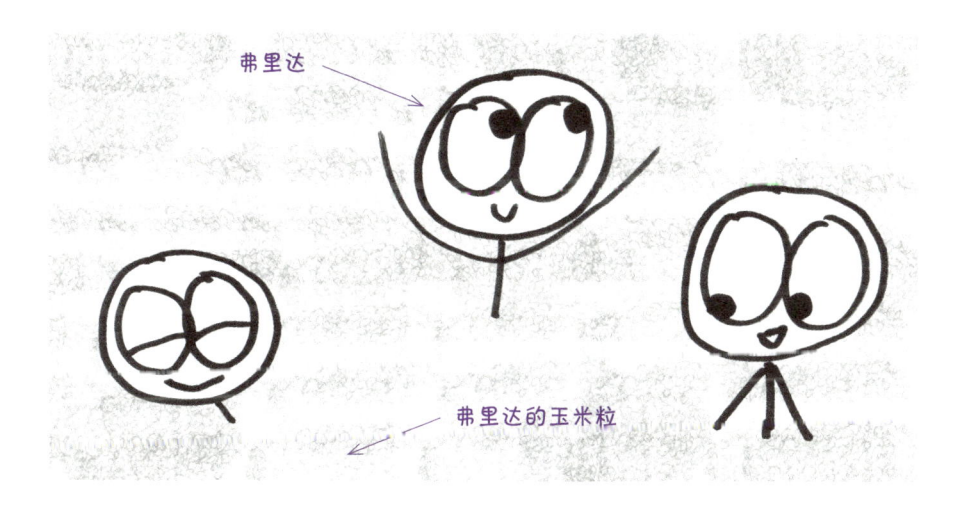

我爱大数字。我不仅爱想象它们，还沉浸于无法想象它们的感觉。我爱那些大到甚至试图给它们起名字都让人觉得亵渎的数字。

古人对大数字的兴趣与我们不尽相同。罗马数字中代表较大数字的符号ⅭⅠↃ（代表10 000）和ⅭⅭⅠↃↃ（代表100 000）逐渐不再常用，日常中M（代表1 000）就已经足够大。但我们这些现代人生活在一个丰富到荒谬的世界中：有着数百万人口的城市、数十亿用户的社交网络，以千万亿字节为单位的交换数据。我们需要用夸张、宏大的语言来描述我们这种浮夸的生活。

其中一个关键词就是"指数"：这个小小的上标数字栖息在另一个数字的肩膀上，它代表"将该数字相乘自身多少次"。例如，10^2 代表 $10×10$（也就是100），10^6 代表 $10×10×10×10×10×10$（结果是100万）。因此，指数只要稍微变一变，结果就会大变样：10^{19} 比 10^{18} 大10倍，比 10^{13} 大100万倍。这些10的次幂有时被称为"量级"。

名称	幂	数字
一	/	1
十	10^1	10
一百	10^2	100
一千	10^3	1000
一万	10^4	10 000
十万	10^5	100 000
百万	10^6	1 000 000
千万	10^7	10 000 000
亿	10^8	100 000 000
十亿	10^9	1 000 000 000
百亿	10^{10}	10 000 000 000
千亿	10^{11}	100 000 000 000
万亿	10^{12}	1 000 000 000 000
十万亿	10^{13}	10 000 000 000 000
百万亿	10^{14}	100 000 000 000 000
千万亿	10^{15}	1 000 000 000 000 000

嘿，怎么就止步于此了呢？太平洋里有 10^{20} 加仑水、地球重 10^{25} 磅、可见宇宙中包含了 10^{80} 个原子、一局国际象棋有 10^{120} 种可能的走法、一局围

棋有10^{500}种可能的走法……头晕了没？

当然会晕。谁也没法想象这样的数字。真见鬼，我们甚至都分不清10^6和10^9。在最近三年里，《洛杉矶时报》竟然有23次不小心把"百万"和"十亿"这两个词弄混。《纽约时报》也不甘示弱，犯了38次类似的错误。在华尔街，类似的错误（有一次，贝尔斯登投资银行[①]的一位交易员本想卖出400万美元的股票，却失误操作成了40万亿美元）被称为"乌龙指"。

我们很容易把责任归咎于语言："百万"（million）和"十亿"（billion）只有一个字母之差，10^6和10^9只差一个符号，1 000 000和1 000 000 000只差三个看似无关紧要的0。我们可以通过放弃那些花哨的现代记数法，回归简单古老的计数符号，以此明确它们的区别。100万个计数符号就可以填满这本书，而10亿个计数符号大概能填满6个书柜的书。这样就很难再混淆了。但是（或许我不说大家也明白），要写下6个书架那么多的计数符号实在太痛苦了。当处理大数字时，一点点混淆就是我们为简洁付出的代价。

那么，我们该如何克服这种眩晕的感觉，这种被美国学者道格拉斯·侯世达戏称为"晕数"的症状呢？将数字具体化会有所帮助。选择一个单位，任何单位都行，这样"百万"和"十亿"之间的差别就会变得非常明显。

单位	百万	十亿
美元	能买一幢漂亮的房子	能买一幢100层的摩天大厦
人口	加利福尼亚州圣何塞市的人口数量	西半球的人口数量
秒	约12天	约32年
英尺	从纽约到波士顿的距离	从纽约到月球的距离
比特	《埃莉诺·里格比》[②]的音频文件（只有上半首）	甲壳虫乐队发行过的所有歌曲的音频文件（每首歌有2个副本）
卡路里	够一个人吃16个月	够一个人吃1300年

---

① 成立于1923年，总部位于纽约，是原美国华尔街第五大投资银行。
② 《埃莉诺·里格比》（Eleanor Rigby）是英国摇滚乐队披头士的一首经典歌曲。

美国天普大学数学教授约翰·艾伦·保罗斯在他的《数盲》一书中建议，我们可以在脑子里为每个数字描绘一幅生动的画面（比如10 000，用一辆卡车将整座富士山移走，大约需要10 000年）。我认为，我们可以更进一步。尽可能多地记住各种画面。选择一个单一的、自然且有意义的单位，然后用画面构建一座高塔，每一层都代表一个量级，一直向上攀登，直到数字不再有意义。

例如，将每个数字都当作人口数量来记忆。

人数	相当于……
1	一间单身公寓的住户
10	两家人
100	一幢公寓楼的住户
1 000	一个偏远小镇的人口
10 000	一个远郊的人口
100 000	一个小型城市的人口
100万	一个大城市的人口，或者一个小国家的人口（如吉布提）
1 000万	一个超大城市的人口，或者一个中等规模国家的人口（如希腊）
1亿	一个较大国家的人口，或者一个知名的实时流媒体视频平台的用户总数
10亿	一个超级人口大国的人口，或者一个超级庞大的社交网络的用户总数
100亿	大约是全世界的总人口，再额外加一个中国的人口总数[1]
1 000亿	有史以来存在过的所有人

---

[1] 为了说明这一数字之大，这里稍有夸张成分。

唉，远在我们达到万亿之前，画面就开始变得模糊不清了。我们可以把10^5想象成一个巨大的体育场所容下的人数，将10^6想象成总统就职典礼上的人群，但我实在想象不出10^7是多少。这个规模相当于整个巴黎市区的人口，或者多米尼加共和国的总人口，抑或一个超级热门视频的观看人数——太过分散，无法在脑海中形成具体的画面。它们只是一些事实，毫无生气，抽象空洞。

美国作家安妮·迪拉德曾写道："中国生活着 1 198 500 000 人[①]，要真切地体会这个数字意味着什么，只需把你——包括你所有的独特性、重要性、复杂性和爱——乘以 1 198 500 000。明白了吗？小菜一碟。"迪拉德心里清楚，这个任务十分荒谬。但我们仍不断尝试去想象10亿这样的数字，原因很简单也很有说服力，那就是我们本身就是数十亿人中的一员。

另一个值得探究的单位是看似不起眼的（也可能是穷凶极恶的，具体取决于你的政治立场）美元。

美元		价值相当于……
1	CHOCODOLLAR	一根棒棒糖
10		一本书
100		一个便宜的狗窝
1 000		一个昂贵的狗窝
10 000		一个可以停放一辆汽车的车库
100 000		一个移动房屋
100万		一栋别墅（或者在某些城市里，只能买一套一居室的公寓）

---

① 这是之前的数据，当前这一数据已更新。根据国家统计局的数据，截至2024年年末，我国人口总数为14.08亿。

(续表)

美元	价值相当于……
1 000 万	一座中等规模城市的公共图书馆
1 亿	一所大学的科学教学楼
10 亿	一座 100 层的摩天大楼
100 亿	印第安纳州加里市的所有房地产
1 000 亿	印第安纳波利斯的所有房地产
1 万亿	波士顿的所有房地产
10 万亿	英国的所有房地产
100 万亿	美国的所有房地产
1 000 万亿	全世界的所有东西

想象力再次半途而废。我能理解 10^6 美元（大约相当于美国一名普通工人 20 年的收入），但很难理解 10^7 美元（大约相当于这个工人工作 200 年的收入）。这让我想起了英国作家托马斯·哈代在《塔中恋人》中写的一句话："事物到了一定规模，便开始显露出庄重；再大一些，便开始展现出宏伟……再继续大下去，便开始呈现出可怕的一面。"所以，如果 10^5 是庄重，10^6 是宏伟，10^7 是什么呢？

让我们继续探索多得可怕的财富。和我一起踏上最后一次登塔之旅，这次我们思考的不是资本虚无的富饶，而是时间丰富的虚无。

……年前	……诞生了
1	新生儿
10	现在上 5 年级的那些孩子
100	我的祖辈
1 000	最早看到烟花的人
10 000	最早居住在城市的人
100 000	最早会说话的人类
100 万	最早使用石器的原始人类
1 000 万	我们最早的祖先（但不是大猩猩的祖先）
1 亿	最早的哺乳动物
10 亿	最早的多细胞生物
100 亿	最早的星系

该怎么理解这些量级呢？说实话，我也不知道。就像有些诗歌，即便我无法领会其含义，却仍乐于反复吟诵。我也喜欢用手拨弄那些"时间的谷粒"，然后漫不经心地喃喃自语道："哇，那可真是一大堆谷物啊。"

科学记数法

在英国生活时，我记录了英美两国在数学用语方面的一些细微差异。这些差异是我老家（所用的数学用语）和这个新地方（所用的数学用语）之间的一些小分歧。以下是我喜欢的几个例子。

	美国人称之为……	英国人称之为……	谁是对的？
梯形	Trapezoid	Trapezium	英国人。"Trapezoid"源自18世纪某个家伙所犯的一个错误
3^7或10^{-5}（指数）	Exponents	Indices	美国人。尤其是当英国人不说正确的单数形式"index"，而是噩梦般的"indice"时
数学	Math	Maths	这两个词可以互换，只有书呆子才固守其中一个

但有一个区别尤其让我感到困惑：

	美国人称之为……	英国人称之为……	谁是对的？
6.02×10^{23}	科学记数法	标准形式	有待商榷

叫我沙文主义者也无妨，在这个问题上，我的确倾向于美国人。对我来说，"标准形式"是"8 200 000 000"或者"82亿"。如果你给你的叔叔阿姨看8.2×10^9，他们可能会说"啊，这是科学家们的写法"，不太可能会说"啊，这是书写数字的标准形式"。我理解他们的这种想法。虽然科学记数法在新闻报道或家庭聚会中并不常见，但它或许应该成为标准。

庞大的数字有时很难区分。例如，80 000 000（土耳其的人口总数）、800 000 000（欧洲的人口总数）和8 000 000 000（全球的人口总数）之间差距巨大，但肉眼几乎看不出来。你只能一个零一个零地数。为了减少麻烦，我们用逗号将数字分成3个一组：土耳其人口总数写成80,000,000，欧洲人口总数写成800,000,000，世界人口总数写成8,000,000,000。

不过一旦超过一定长度，逗号的作用就有限了。试试看凭眼力分辨"800,000, 000, 000, 000, 000, 000, 000, 000, 000, 000, 000"这个

数。这是800个10^{39}，还是800个10^{42}？看到这里，你是不是想问，10^{42}又是什么鬼？显然，我们需要一种新方法。

科学记数法就此登场。它的理念很简单：在给一个数命名时，先说出它的量级，然后再说明这个量级有多少个。

数字	量级	几个？	因此……
5 880 000 000 000 （一光年的英里数）	万亿（10^{12}）	5.88（万亿）	5.88×10^{12}
340 000 000（美国的人口）	亿（10^{8}）	3.4（亿）	3.4×10^{8}
602 200 000 000 000 000 000 000 （1摩尔的原子数）	百万万万亿（10^{23}）	6.02（百万万万亿）	6.02×10^{23}

从右往左读，科学记数法会有所帮助。真正重要的是量级。如果需要更多细节，你可以看一下前面的乘数。因此，3.4×10^{8}表示的是"几亿"的量级。如果你想更具体，它就是3.4亿。

这种方法不仅仅适用于科学家。我的继母拉克是一名受过培训的律师，职业是非营利组织的首席执行官，但她坦言自己并"不擅长数学"。有一次，她向我解释她是如何理解预算的。"首先，我们需要知道我们讨论的是什么量级的资金，"她告诉我，"是几万美元，还是几千美元或者几十万美元？然后我们才能更准确地说出具体数字，比如3 000美元或者8 000美元。"

当我告诉她这正是数学家们的思考方式时，她瞪了我一眼，仿佛我说的不是"数学家"，而是"职业杀手"。抱歉，拉克，但事实的确如此。科学记数法不过是形式化的常识，一种表达数字思维的标准形式。也许到头来这一分还是应该判给英国人。

不过，等等——这个故事还没讲完。

是的，科学家不仅研究望远镜和万亿级别的数字，他们还研究显微镜以及百万分之一这样的极小数字。我们该如何描述微小的事物和极小的数字呢？

每个小数字都是某个大数字的镜像对应：千和千分之一、百万和百万分之一、十亿和十亿分之一。这种对应关系一直延伸到顶端（当然，也延伸到底部）。17世纪数学家约翰·沃利斯创造出了符号"∞"，用来表示无穷大，同时他还提出了一个表示无穷小的符号：$\frac{1}{\infty}$。（小提示：孩子们，用这个符号可以激怒你们的代数老师！）

我们将这种对称应用到10的幂次上。如果说正指数幂代表大数字，那么负指数幂必然代表小数字。如果10^{12}是千亿，那么10^{-12}就是千亿分之一。

幂	积	自然写法	汉字
10^3	$10 \times 10 \times 10$	1 000	千
10^2	10×10	100	百
10^1	10	10	十
10^0	1	1	一
10^{-1}	1/10	0.1	十分之一
10^{-2}	1/10 × 10	0.01	百分之一
10^{-3}	1/10 × 10 × 10	0.001	千分之一

这合理吗？严格来说，并不合理。我们将10^5定义为$10 \times 10 \times 10 \times 10 \times 10$，但你没法把 -5 个10相乘，所以从这个角度来看，10^{-5}并不合理。

然而，这是一种令人愉快且对称的不合理。如果10^2表示连乘，那么10^{-2}难道不应该意味着连除吗？提升一个量级（从10^2到10^3）意味着乘10，降低一个量级（从10^3到10^2）意味着除以10。不断降低量级（从10^1到10^0，再到10^{-1}）意味着不断除以10（从10到1，再到0.1），负指数幂的问题就迎刃而解了。

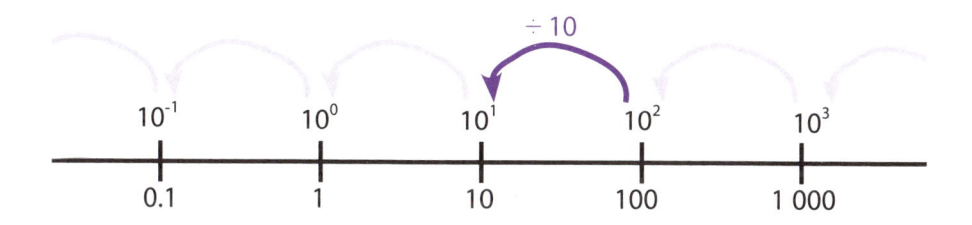

这些极小的尺度对科学家来说至关重要，因为从某种意义上说，在我们"之下"的真实世界的内容比在我们"之上"的要更多。空间的有意义尺度范围从 10^{26} 米（可见宇宙的宽度）到 10^{-35} 米（普朗克长度）。同样，时间的有意义尺度范围从 10^{-44} 秒（普朗克时间）到 10^{18} 秒（自大爆炸以来的时间跨度）。无论从哪个方面来看，从我们所处的角度而言，宇宙中的小尺度比大尺度更多。

幂	名称	自然形式	这么多秒足够……	这么多米相当于……
10^0	1	1	人类的心脏跳动1拍	3岁孩子的身高
10^{-1}	100 毫-	0.1	眨一次眼	一只蜂鸟的体长
10^{-2}	10 毫-	0.01	苍蝇拍动一次翅膀	一粒咖啡豆的长度
10^{-3}	毫-	0.001	泡泡破碎	一颗大沙粒的直径
10^{-4}	100 微-	0.0001	声音传播1英寸	一个人类卵子的直径
10^{-5}	10 微-	0.00001	子弹行进半英寸	一个白细胞的直径

（续表）

幂	名称	自然形式	这么多秒足够……	这么多米相当于……
10^{-6}	微-	0.000 001	目前最快的闪光灯闪一下	陶土颗粒的粒径
10^{-7}	100 纳-	0.000 000 1	高频无线电波两个波峰之间的间隔	一个病毒的直径
10^{-8}	10 纳-	0.000 000 01	核反应的一步	一个生物大分子的直径
10^{-9}	纳-	0.000 000 001	光行进 1 英尺	一个碳纳米管的直径
10^{-10}	100 皮-	0.000 000 000 1	光行进 1 英寸	一个原子的直径

虽然负指数幂存在一个小缺点，不太好理解（至少不像正指数幂那样容易理解），但它的优点更为显著：它使我们能够像表示庞大的数字那样清晰且明确地表示极小的数字，尤其是它让我们能够将科学记数法拓展到量子领域。

数字	量级	多少？	因此……
0.000 03 米（一个皮肤细胞的直径）	十万分之一（10^{-5}）	3（十万分之一）	3×10^{-5}
0.000 000 24 米（一个病毒的直径）	千万分之一（10^{-7}）	2.4（千万分之一）	2.4×10^{-7}
0.000 000 000 17 米（一个金原子的直径）	百亿分之一（10^{-10}）	1.7（百亿分之一）	1.7×10^{-10}

正如我所说的那样，宇宙的微观尺度是有限的。当达到 10^{-35} 米时，空间触底。当达到 10^{-44} 秒时，时间触底。超过某个尺度，宇宙便无法被进一

步分割。这就是"量子"的意义：一种离散的基本单位。不可再分的最小存在。

然而，在数学的疆域中，分割永无止境。正如1 000可以被分成10个100，10^{-44}也可以被分成10^{-45}，然后再分成10^{-46}，以此类推，一直到10^{-96782}，甚至更小。数字没有所谓"量子层级"，没有底层，也没有最终的边界。数字构成了一个连续体，可以无限细分。

从这个意义上说，无论是美国人还是英国人，在这一点上都不完全正确。像10^{-55}这样的表达既不是标准表达，也不是科学表述，它们纯粹是数学上异想天开的幻想罢了。

无理数

每年的3月14日，数学界都会以停课、大快朵颐地吃派（圆周率"π"的谐音），以及背诵数学界最受尊敬的常数的小数展开式，来庆祝他们最喜爱的节日之一。无论老少，无论研究的是纯粹数学还是应用数学，无论是代数专家还是分析专家，大家齐聚一堂，庆祝"圆周率日"。

除了……好吧，我收回刚才的话。毕竟总有少数派对此嗤之以鼻——他们就像苏斯博士的儿童文学著作《鬼精灵》(*How the Grinch Stole Christmas*)[①]中偷走人们圣诞礼物的"鬼灵精"(Grinch)，总爱嘀咕些煞风景的论调。

稍后我们再讨论这些异见分子，但首先请回答：圆周率究竟是什么？它指的是圆周长（绕圆一周的长度）与直径（横贯圆心的直线距离）的比值。大致说来，圆的周长约等于直径的3倍。

---

① 苏斯博士（Dr. Seuss，1904—1991），德裔美籍著名的儿童文学作家。

周长 ≈ 3 × 直径

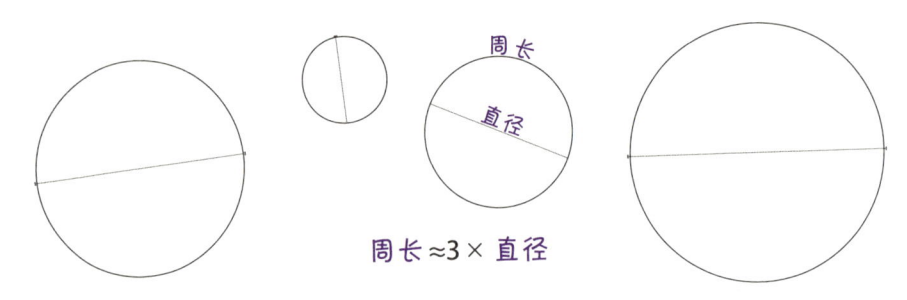

更准确地说，圆的周长约等于直径的 3.14 倍。

再准确一点，大约是直径的 3.141 592 653 589 793 倍。

特别准确地说，大约是直径的 3.141 592 653 589 793 238 462 643 383 2 79 502 884 197 169 399 375 105 820 974 944 592 307 816 406 286 208 998 62 8 034 825 342 117 倍。

我还可以说得更准确一些，但永远都不够精确，因为这个被称为"π"的数字是一个无理数。也就是说，它不是一个比率，无法用分数来表示。小数也不行。我们甚至不能故技重施，就像把 ⅓ 写成 $0.\overline{3}$ 那样，因为 π 的小数位不会形成循环模式。

教室里的每个孩子都很喜欢"圆周率日"，但是教师休息室里的鬼灵精说"喊"！

"圆周率日"派对！

3/14

每一个数位之后都有一个全新的、前所未见的数字序列。我曾听闻一个12岁的孩子凭记忆背诵出了圆周率小数点后100位。但这与来自印度的拉杰维尔·米纳（Rajveer Meena）在2015年3月创下的纪录——他耗时9小时27分（想必煎熬至极），连续背出了70 000位——相比，简直不值一提。

为什么这会让数学家抓狂？在此先给苏斯博士道个歉，我发现，要表达他们有多渴望节日气氛，最简单的方式是改歌词。

这是"鬼灵精"最讨厌的日子，不管有没有人问他，他都会抱怨一通，让人没法接话："在美国，人们将3月14日写作3/14，这想必是'圆周率日'的由来。但在世界上很多地方，人们都是先写日，再写月份！所以3/14写作14月3日，我向你保证，你上哪儿都找不到这个日期。这还只是我诸多牢骚事件中的一件。"

这恼人的日子举国瞩目，却基于一个糟糕的近似值。事实上，22 除以 7 更接近 π 的真值，所以我们不如等到 7 月中下旬再过节吧。

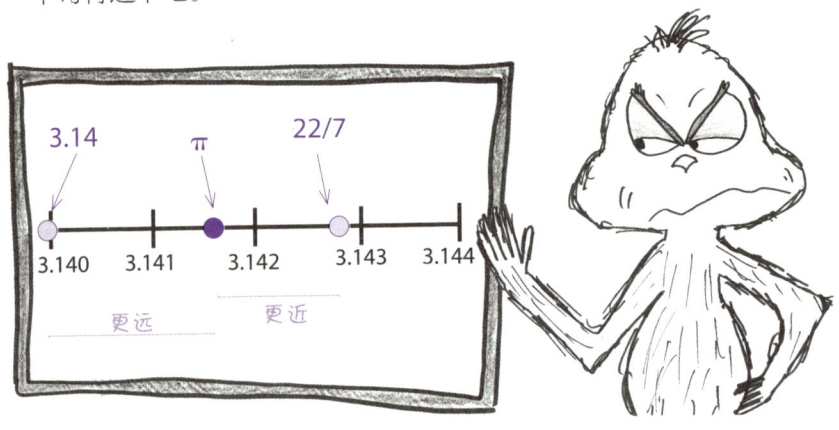

除了这些，老掉牙的 π 早已过时，现在时髦的数学家都崇拜 τ。

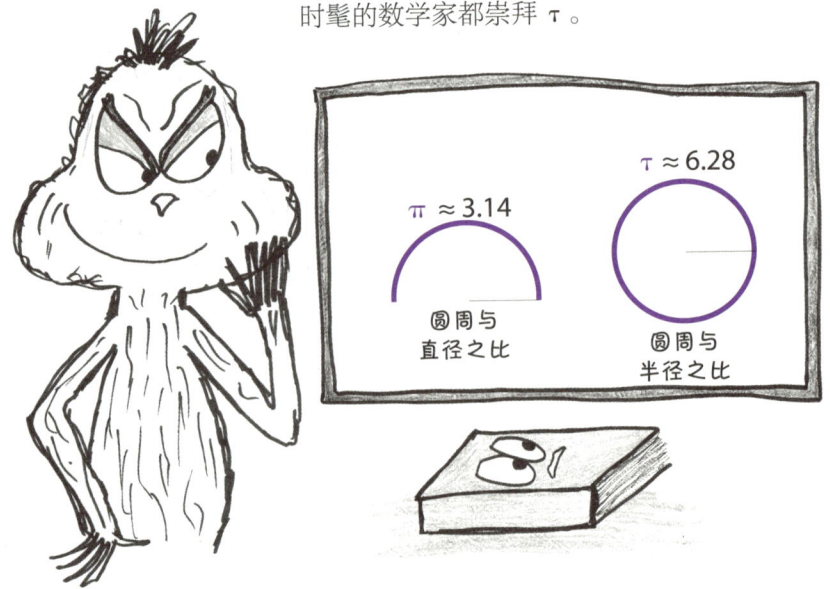

还有，我是不是说过那个数简直要把我逼疯，什么3.141 592 65？乱七八糟，让我怒火中烧。3 589 193 238！全是些毫无意义的数字！白费力气地大声背诵！！噢，我烦得快哭了。不，是烦得要死。

我以前就说过，现在还要再说一遍：这么多的数位在十进制之外毫无意义，谁也不需要它们。只要超过30或40位，后面的位数都跟广告强推的垃圾产品一样没用。就算一个圆的直径有100万光年，你最多也只需要小数点后25位，就能计算出周长，并且精确到纳米级的范围，也就是头发丝宽度的千分之一。而再往后的数位，我连看都懒得看一眼。

3.141 592 653 589 793 2
38 462 643 383 279 502
884 197 169 399 375 10
5 820 974 944 592 307 8
16 406 286 208 998 628
034 825 342 1…

第一部分　名词：被称为"数字"的事物　　61

> 我坚定地宣布，这就是事实："圆周率日"不过是你们为了大吃甜品用数学找的一个借口。

抛开日历方面的争议，只专注于数学层面，我觉得"鬼灵精"有两件事说得很有道理。

首先，无理数并不罕见。随便在数轴上扔一支飞镖，你几乎就能击中一个。如果我们在意的是无理数的特性，那么我们大可以把"圆周率日"换成"4月12日的 $\sqrt{17}$ 节"，或者"1月16日的 $\frac{3e}{7}$ 节"。没错，π 比这些数字更重要，但过丁强调它的无理数特性就像在"马丁·路德·金纪念日"强调马丁·路德·金的身高是5英尺7英寸（约1.7米）。这显然偏离了主题。

其次，就算无理数真的很罕见，背诵它们的小数形式依然是一种愚蠢的消遣。一般来说，你可以把 π 四舍五入到3.141 59或者3.14，甚至3。从实用层面来说（甚至在不太实用的层面），π 也可能是有理的。话虽如此，很少有"鬼精灵"会将这种逻辑推向极端，认为无理数根本不存在。

我们不可能做到无限精确。没有任何一把尺子、天平或秒表能得出无限位数的小数。你早晚得取整。一旦取整,无理数就消失了,取而代之的是一个平庸的有理近似。

那么,除了我们的想象,无理数从什么意义上说还存在呢?

一年有364天,我们必须接受一个令人沮丧的现实:除了最开始的几个数位,无理数后面的数位从实用角度来说(甚至从存在主义的角度来说也一样)毫无意义。但每年总有一天,这个世界会纵容我们心中关于"无理数的确存在"的幻想。那一天,整个世界都会停下脚步,赞颂一个无法精确定义的数字,一个永远不能完整表达的名词。

除此以外,我们还能痛快地吃山核桃糕点。所以,我们有什么理由不爱它呢?

然后发生了什么?在某些圈子里,人们说那天"鬼灵精"的小心脏膨胀了3倍。还有人说,要比这膨胀得更厉害:可能是3.1倍或者3.14倍……

无限

"只有三种东西是无限的，"法国作家古斯塔夫·福楼拜曾经指出，"天上的繁星、海里的水滴，还有心中的泪水。"

错，错，还是错。

夜空中可见的恒星最多有 10^4 颗，银河系大约有 10^{11} 颗恒星，已知宇宙里可能有 10^{24} 颗。这几个数都是有限的。至于水，地球上约有 10^{25} 滴水，也是有限的。而泪水，我可以给古斯塔夫上两课。首先，泪水来自泪小管和泪腺，不是心肌。其次，无论有多少眼泪，它的数量肯定是有限的。

事实上，没有什么东西是无限的。同样，无限也不是一种事物，更像是一种势态，类似于说"往西走，永远别停"。当数学家说某种事物"趋于无限"或者"变得无限"时，他们实际上想表达的是它会不断增长，从几百万到几十亿，再到几万亿，超越我们能想象的所有数字。但在这个过程中，每一步的数字都是有限的。它永远不会"变成"无限，因为无限不是一种可以成为的东西。

无限不是终点，而是方向。

这么说你就明白了吧。我朝着无限的方向做了个手势，这也是古斯塔夫真正想表达的意思，所有人最多也只能做到这样。现在你可以安心地彻底忘掉这个概念了。

无限

你还在这儿呢？

好吧。"什么是无限？"你问道。好吧，谜底就在谜面上：没有极限。它的同义词也一样："无界""无限制""无穷""无尽"。要定义"无限"，我们可以借助于它的反义词（有限）、它所缺乏的东西（界限或极限）、它永远不会到达的地方（尽头），以及它永远不会呈现的样子（穷尽）。我们无法用无限本身来定义它，只能把它作为某种反义词：存在的反面，即与我们所知的一切背道而驰。

求求你，我们就聊到这儿，到此为止吧。别再唠叨这些云里雾里的鬼话啦。别浪费这有限而珍贵的一天。

无限

噢，好吧，你想总结一下无限？真是件蠢事，但作为一个正牌蠢货，我觉得有必要和你并肩。"也许，宇宙的历史，"豪尔赫·路易斯·博尔赫斯曾经写道，"就是几个隐喻的历史。"无限就是其中之一，它意味着不可言说的广阔。16世纪意大利学者焦尔达诺·布鲁诺曾试图阐明哥白尼宇宙的结构，并为此提出了一个无限球体的画面，"球心……到处都是，但没有球周"。这和几个世纪以来神学家们所描述的上帝的本质如出一辙。它无限广阔，又近在手边。

无限大的另一面是无限小。那么，问题来了。因为无限小的概念自公元前5世纪以来就困扰着数学界，当时古希腊著名哲学家芝诺首次提出了他那剑走偏锋的几个悖论。正是出于这个原因，约翰·沃利斯[①]的古怪分数"$\frac{1}{\infty}$"遭到了其后几代人的抵制，因为大家觉得这个数实在令人迷惑。无限小（也包括无限）标示出了逻辑消亡的边界。这里的悖论是，一切事物都源于某种事物，而某种事物又出于虚无。无限是荣格的衔尾蛇[②]，这个概念不算是真正的概念——直到19世纪末，格奥尔格·康托尔[③]才将无限塞进数学严谨的藩篱。他用集和集合的语言将无限装进了笼子，并用自己的逻辑驯服了这种病态的逻辑（反过来说也成立）。

透过这个笼子的栏杆，现在我们可以清楚地看到无限了。我们可以看到，将无限乘以2个会让它变得更大，让无限减半也不会让它变小。如果有无限个抽屉，每个抽屉里都装着一颗玻璃球，然后我们把每颗玻璃球都换

---

① 约翰·沃利斯（John Wallis，1616—1703），英国著名的数学家和密码学家，对现代微积分的发展做出了重要贡献。

② 在荣格的心理学体系中，衔尾蛇（一条蛇咬着自己的尾巴，形成一个封闭的圆环，象征着永恒的循环、自我吞噬与再生）代表了"前自我"阶段的"混沌状态"。

③ 格奥尔格·康托尔（Georg Cantor，1845—1918），德国著名数学家、现代集合论的创始人。

成无限颗玻璃球,那么这无限组(且每组都有无限颗玻璃球)玻璃球仍能装回原来那些抽屉,每个抽屉放一颗。康托尔证明了所有无限悖论实际上都不是悖论,而是关于某个非凡事物的基本事实,我们可以靠逻辑和语言捕捉到这个概念的特征,这是只靠想象力做不到的。

康托尔教会了我们无限也分大小,它有一套等级制度。他用希伯来字母"$\aleph$"(读作aleph)将这些无限命名为"$\aleph_0$、$\aleph_1$和$\aleph_2$"。后来,博尔赫斯(又是他)借用这个字母给一篇短篇小说取了标题——《阿莱夫》(*El Aleph*),在我看来,这个故事比任何数学知识都更容易让你想起无限。这是一个关于空间中一个点(一个名叫"阿莱夫"的神秘物体)的故事:这个点包含了宇宙中的所有点,因此,透过地板上的缝隙,你可以看到所有造物。在故事的高潮部分,作者用一个完整的段落描述叙事者瞥见了这个虚无缥缈的东西:"我看见浩瀚的海洋,我看见破晓和夜幕降临,我看见美洲的人群,我看见黑色金字塔中央一张银光闪烁的蛛网……我看见自己暗红色血液的循环,我看见爱的结合与死的修正,我从每个位置、每种角度看见阿莱夫,我在阿莱夫中看见地球,在地球中看见阿莱夫,又在阿莱夫中看见地球,我看见自己的脸和脏腑,我看见你的脸,我感到头晕,想要流泪,因为我看见了那个大名无人不知、却从未有人正视过的假想的神秘物体……"

÷10
1 10 100 1,000
π ≈ 3.14
around
across
"857"
y=mx+b
simple.
-(-(-(-(-1))))
1/4 + 1/6 =
THE FUZZY TRUTH
96°F 97°F 98.6°F
unreasonable rounding
∀ε>0, ∃δ>0: |x-a|<δ → |f(x)-L|<ε
ax²
CHOCODOLLAR
10×10
1/10×10×10
3.14 π 22/7
3.140 3.141 3.142 3.143
farther closer
17 × whatever
1.414ish
PI DAY PARTY! 3/14
4/7
5×3
multiplication
$ 10 $
2573 × 389
division by 1/2
division by 2
3 + -1.78
0 5 10 15 20 25 30 35 40 45 50
repeated addition
4^(7/2) = ???
5^5^5 → 5↑↑3
repeated exponentiation
tetration
λ
NOOOOOO
conversation blender nightclub thunder
50 60 70 80 90 100 110 120
×1000
x(x+x²)? x²+x³!
8÷2(2+2)
8÷2(4)
8÷8
1
x²=3x+10
K=½mv²
If A<B and B<C then A<C
DONUTS
x = (-b ± √(b² - 4ac)) / 2a
7 PIZZAS
10/6
44.9° North
93.2° West
ax² = bx + c
ax² + bx = c
ax² + c = bx
ax² = bx
ax² = c
bx = c
1/3 sleep deprivation, 2/3 game theory.
100%
45% to 99.9%
80% to 95%
60% to 80%
40% to 60%
20% to 40%
5% to 20%
0.1% to 5%
0%
AROUND ≈ 3 × ACROSS
OOOOH!
17/34
noisy
"1000"
1 -1 -(-1) -(-(-1))
11
5↑↑3 WOW!
5+3 5×3 5³
30×7 8×20 8×7
600 + 210 + 160 + 56 = 1026
No! Silence your nonsense!
82,771
What is lim(x→2) (x²-4)/(x-2)?
What's 46 + 28?
.3 .4 .5 .6 .7 .8 .9 1
calculating... calculating...
27

÷10
10⁻¹ 10⁰ 10¹ 10² 10³
0.1 1 10 100 1,000
π ≈ 3.14
≈ 6.28
y=mx+b
around
across
"857"
1/4 + 1/6 =
-(-(-(-1)))
simple.
125
124
249
∀ε>0,
∃δ>0:
x−a|<δ→
f(x)−L|<ε
ax²
+++
THE FUZZY TRUTH
96°F
97°F
98.6°F
unreasonable rounding
CHOCODOLLAR
10X10
1/10X10X10
3.14
π
22/
3.140
3.141
3.142
farther
closer
17 × whatever
1.414ish
5×3
multiplication
PI DAY PARTY!
3/14
3.4104398
2.5899496
.0003894
4
7
$10
division by 1/2
17
34
division by 2
2573
× 389
3 + −1.78
0 5 10 15 20 25 30 35 40 45 50
repeated addition
5^5^5
repeated exponentiation
5↑↑3
tetration
λ
NOOOOOO
4^{7/2} = ???
6
2
x(x+x²)?
x²+x³!
8÷2(2+2)
8÷2(4)
8÷8
1
conversation
blender
nightclub
thunder
40 50 60 70 80 90 100 110 120
×1000
x²=3x+10
K=½mv²
If A⊂B and B⊂C
then A⊂C
x = −b ± √b²
2a
DONUTS
44.9° North
93.2° West
7 PIZZAS
10
6
ax² = bx + c
ax² + bx = c
ax² + c = bx
ax² = bx
ax² = c
bx = c
1/3 sleep deprivation,
2/3 game theory.
anteed 100%
certain 95% to 99.9%
likely 80% to 95%
bable 60% to 80%
aybe 40% to 60%
ssible 20% to 40%
likely 5% to 20%
impossible 0.1% to 5%
ossible 0%
AROUND ≈ 3 × ACROSS
OOOOH!
17
34
noisy
"1000"
#1 −1 −(−1) −(−(−1))
11
5↑↑3 WOW!
5+3
5X3
5³
30×20
30×7
8×20
8×7
600 + 210 + 160 + 56 = 1026
No! Silence your nonsense!
82,771
What is lim_{x→2} (x²−4)/(x−2)?
What's 46 + 28?
.1 .2 .3 .4 .5 .6 .7 .8 .9 1
27
see... calculating... calculating...

第二部分

动词
运算活动

  动词关乎动作。名词是事物，动词是它们做什么。兔子（名词）跑（动词）。价格（名词）跳水（动词）。恶魔（名词）沉睡（动词）。作家（名词）瞎写（动词），如果你（代词）听（动词）懂了我（代词）在说（动词）什么的话。

  那么，在数学中，什么是动词？一言以蔽之，就是"运算"。人们最熟悉的4种运算分别是加（+）、减（-）、乘（×）、除（÷或/）。很久以前，人们用算盘来完成这些运算，拨动算盘珠子找到答案（计算）。后来，

人们拿起纸和笔,他们不再摆弄石头,取而代之的是书写符号。今天,我们越来越依赖计算机,手边拨弄的不再是石头和算符,而是电子产品。

计算的故事并未止步于此。数字就像土豆,你可以用五花八门的方法处理它们。看看这些运算:平方、立方、求根、乘方、对数,等等。在计算机发展成为一门技术以前,"computer"这个词的意思是"计算员",指的是以大量计算为职业的人(通常是女性),数字就像流水线上的产品一样在他们之间传递。

所有这些都是数学家的动词:我们对数字所做的操作。

在这一部分里,我们将学习其中一些操作,还会探究这些操作之间有什么关系。这些动词是如何组合在一起并形成一门语言的?

首先,这些运算往往成对出现:加和减、乘和除、平方和开平方、乘方和对数。这种成对的运算是互逆的,其中一个过程可以抵消另一个过程。在一个运算后面紧跟一个它的逆运算(锁上门,然后再打开锁),最终你会回到起点(门最后还是没锁)。

其次,这些运算遵从一套等级制度。反复计数,你会得到加法;反复相加是乘法;反复相乘则是乘方。我们将会看到,数学运算不是从左往右依次进行的,而是从优先级最高的开始,朝着优先级最低的前进。这样的等级制度构成了运算的语言。

到目前为止,一切顺利。但我们终究必须面对一个令人不适的真相:这些运算根本不是真正的动词。

以"2 + 3"为例。如果"+"是一个动词,那么实施这个动作的主语是谁?2和3都没做动作。这些名词只是待在原地,乖乖做名词。实施加法的人是你,但你不是数学图卷的一部分。因此,从严格的语法角度来说,"2 + 3"实际上不是一个句子,因为"+"不是一个真正的动词。这只是一个名词短语,即"2加上3",就像"一只猫和一只鸟",或者"一只叼着骨头的狗"。这个"+"号更像一个连词(2和3)或介词(2附带3)。

这个技术要点看似微不足道,其实重要的足以改写整套语言体系和思维模式。

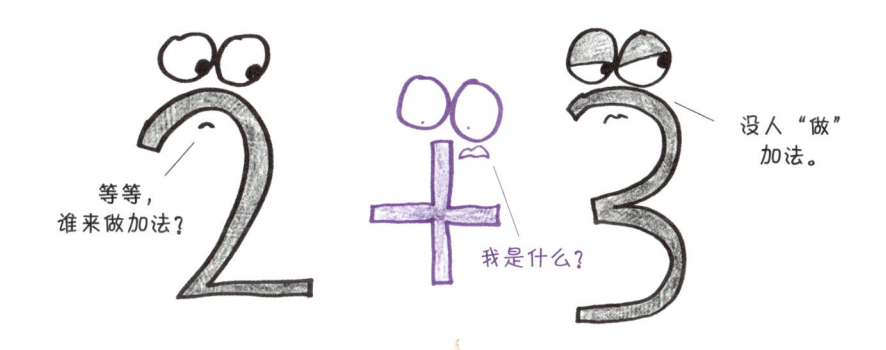

> 等等，谁来做加法？
>
> 我是什么？
>
> 没人"做"加法。

2 + 3

这个我们稍后再讲，现在我们暂且把"＋"和"－"当成数学的基本动词。不过还有一个更基本的动词，它和你的心跳一样基础，一样天经地义得让人难以察觉。而且和心跳一样，只有训练有素的专家才能对它进行恰当的勘察……

递增

一天早上，我看到我的姐姐詹娜——她也是个数学老师，比我更棒——正在迎接幼儿园的孩子们。"早上好！"她说，"告诉我，你们几岁啦？"

"5岁！"孩子们回答。

"那明年你几岁？"詹娜说道，眼睛闪闪发光。

我觉得这个问题太简单了。5岁的孩子当然知道5后面是几。事实上，不出所料，很多孩子大声喊道："6岁！"让我惊讶的是，有几个孩子是从1开始一直数到现在的岁数。为了回答这个问题，他们需要复述前面的所有数字，正如你或者我需要从ABC开始背，才想得起R前面到底是不是Q（这就是为什么詹娜是专业人士，而我只是个小弟弟）。

"1，2，3，4，5，6。明年我6岁！"

明年我……我看看……算一算……算一算……

运算是我们对数字所做的操作：除法、乘方、开立方根，甚至包括加法这种简单的操作。但如果你从哲学角度思考一下，我们真的有做任何操作吗？我把4和3相加，创造出了7。这样说听上去有些奇怪，因为4加3原本就等于7，无论我有没有做些什么。当我做乘法、除法或者取对数运算时，结果就在那里，跟我的劳动无关。严格来说，我并没有改变数字，只是发现或者揭示了它们。运算操作并不是作用于数量本身，而是作用于我们对它们的理解。

所以，从不那么哲学、更浅显的角度来说，我们一直在操作数字。就像任何一个学生都能告诉你的那样，这就是数学的意义所在。

这让我想起了詹娜的那个简单问题，它不动声色地让孩子们参与了一种基本的数学操作：递增，也就是从一个数到下一个数。递增相当简单，但这是一种假象，就像说原子相当简单。它是构建其他所有运算的基本模块。

如果没有"加是连续重复递增的简洁描述"这种说法，我们该如何定义加法呢？

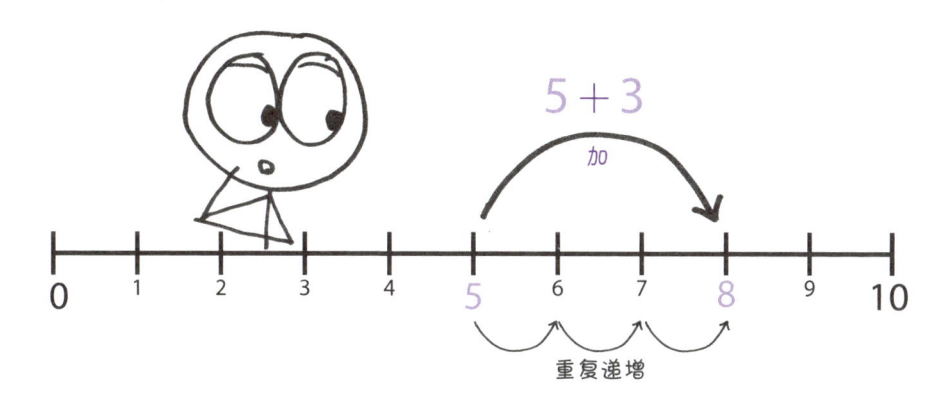

[图示：数轴 0–10，5+3=8，"加"，"重复递增"]

如果不让说"乘是重复相加",也就是重复的重复递增,又该如何定义乘法?

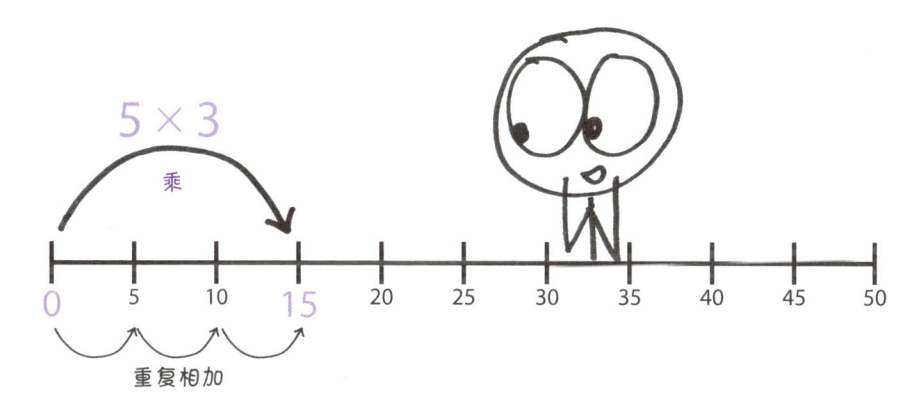

[图示：数轴 0–50，5×3=15，"乘"，"重复相加"]

乘方,难道不是重复相乘?也就是重复的重复相加,或者说重复的重复的重复递增。

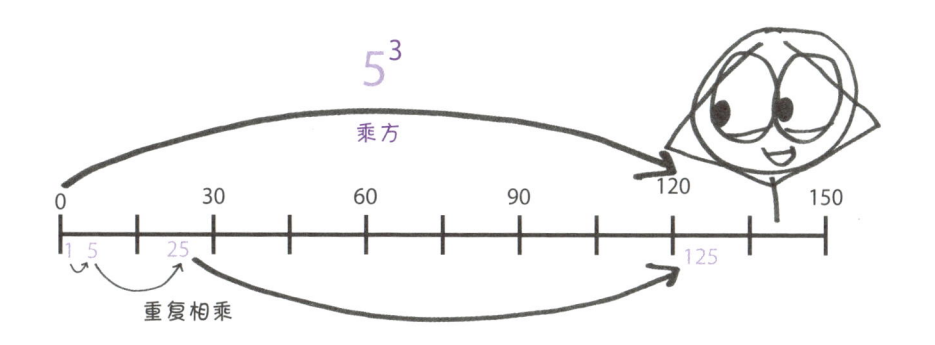

[图示：数轴 0–150，5^3=125，"乘方"，"重复相乘"]

为什么要止步于此？重复的乘方会产生一种名为"四次幂运算"（tetration，这个词源于"tettares"，意思是"四"）的四阶运算。我们在中学数学课上礼貌地回避了这种运算，因为它会产生大得不可思议的结果。$5 + 3 = 8$、$5 \times 3 = 15$、$5^3 = 125$，四次幂运算 $5\uparrow\uparrow3$ 的结果是一个超过 2 000 位的野蛮数字。

虽然这种不可思议的计算产生的结果大得惊人，但归根结底，它不过是重复的重复的重复的重复的递增。

5^{5^5} ⟶ $5\uparrow\uparrow3$

重复取幂　　　四次幂运算

我承认，这是一种还原。我们站在局外俯视这些运算，把它们全都描绘在一张地图上。在这个过程中，各种运算都失去了自己的独到之处。把四次幂运算描述成"多次重复的递增"就像把某人的丈夫描述成"粒子的集合"。这么说是没错，但不是健康婚姻的标志。

我更愿意把不同的运算看作不同的城市，它们各自拥有不同的本土风情和文化：乘方背后隐藏的几何、除法的二元特性、平方根的语言学谜团。每种运算都是对一条特定真理的独特表达——哪怕这种运算先于其他所有运算，它如此基础，我们几乎不会意识到它竟拥有这样的地位，而詹娜一针见血的问题强调的正是这种运算。

对那些小朋友来说，递增差不多就是他们数学能力的极限了。但另一些学生——那些马上答出"6岁"的孩子，已经开始处理数字，用更有意义的形式来对付它们。

用它们进行运算。

说到智力成长，从"1，2，3，4，5，6"进步到直接说"5，6"，这看起来可能只是微不足道的一步。数学的旅程不就是连续的递增吗？将这个步骤重复重复重复再重复下去……？

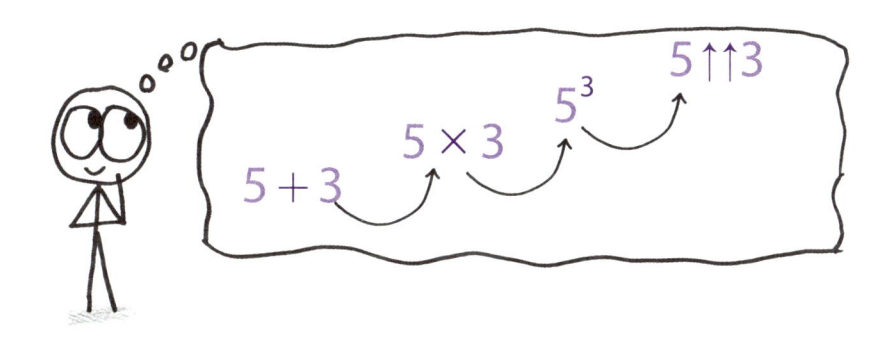

$$5+3 \quad 5\times 3 \quad 5^3 \quad 5\uparrow\uparrow 3$$

加法

在我小时候，也就是钱还是用纸和金属制造的，而不是用软件和谎言造出的时候，我就知道了 2 个 25 分硬币加起来等于 50 分：$25 + 25 = 50$。我对这类知识着迷，这些庞大的数字让其他数字变得微不足道。不过，现在我对"$2 + 2 = 4$"或者"$5 + 5 = 10$"之类的分币计算完全不屑一顾。我想更进一步，推出新的、更酷的真理。

我开始推理，因为 24 比 25 小 1，49 比 50 也小 1，所以 $24 + 24$ 肯定等于 49。我把这点智慧结晶透露给了我的老师，就像普罗米修斯把火种交给了人类。"我喜欢这个思路，"她说，"但事实上，你从第一个 25 里减去了 1，又从第二个 25 里减去了 1。所以答案不应该是 50 减 1，而是 50 减 2，也就是 48。不过，你推理得很漂亮！"说完，她开心地走了。

我坐在那里，备受伤害，仿佛国王坐在一座崩塌的城堡里。

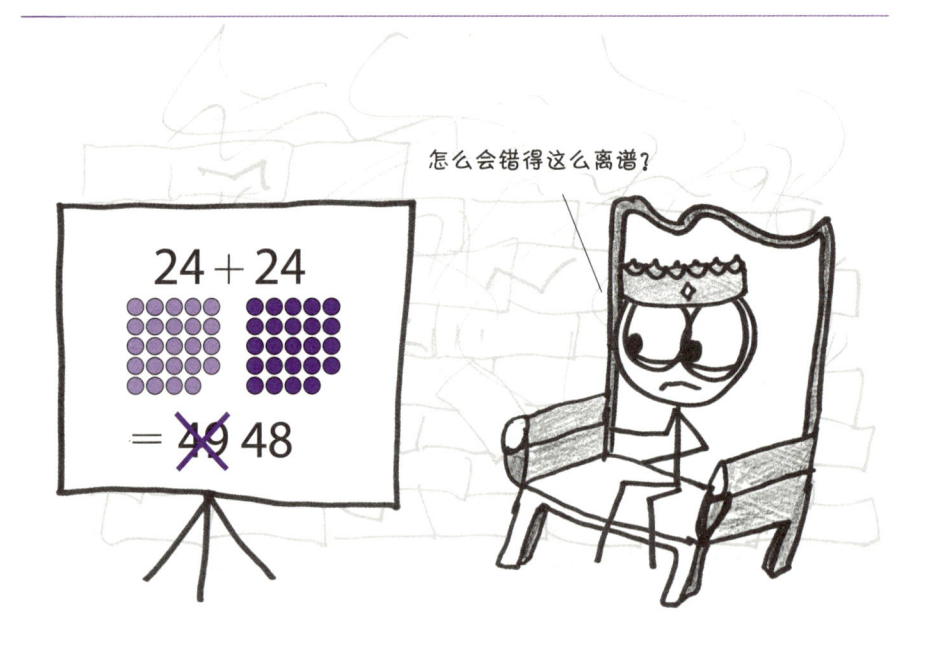

在我们的文化里，加法的真理是确定性的象征。"2 + 2 = 4"的意思是"一些不容否认的真理"。在乔治·奥威尔的著作《1984》中，为了摧毁主人公的精神，极权政府对他不断进行折磨和拷打，直到他承认"2 + 2 = 5"。他不仅仅这样说，还真的相信了。在奥威尔看来，简单的加法是真理最后的堡垒，也是不可否认的现实——所以，对野心勃勃的暴君来说，它也是全面控制的最后一座"岗哨"。加法是我们教给孩子的第一种运算，也是很多人能熟练使用的最后一种运算。它让我们想起更简单的日子，那时的很多事情看起来都合情合理。

不过，你可以去问问那个男孩，那个含泪拿起橡皮擦掉"24 + 24 = 49"的男孩。他会告诉你，加法有时也没那么简单。

乍看之下，加法很像叠盘子。你把盘子和盘子叠在一起、碗和碗叠在一起、杯子和杯子叠在一起。同样的原则也适用于634 + 215：百位数和百位数相加（600 + 200）、十位数和十位数相加（30 + 10），最后是余数相加（4 + 5）。总数是800 + 40 + 9，也就是849。

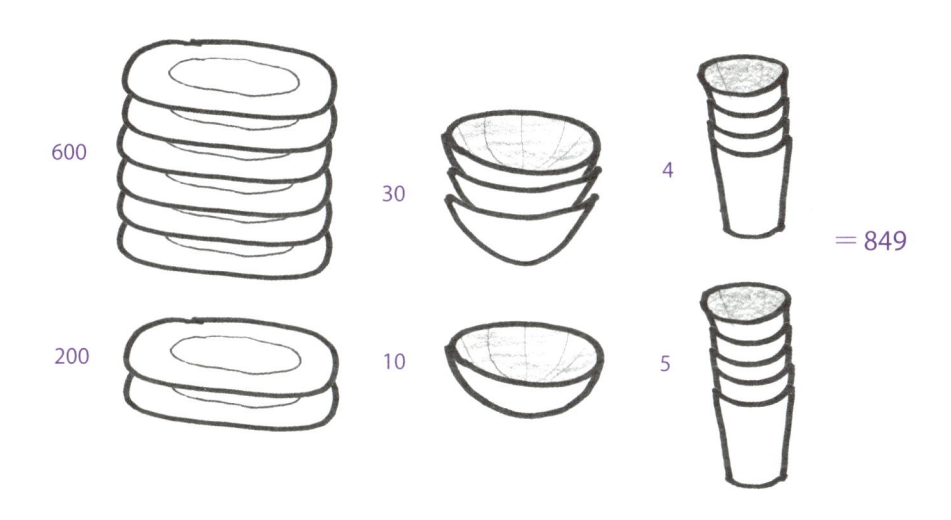

叠盘子的类比到此为止。叠起来的杯子永远不会变成碗，无论多少个碗也变不成一个盘子。但10个1却能产生一个10，10个10产生一个100，而10个100就是1 000。因此，加法的核心理念，也就是它所有的快乐和挑战都源于——重组。

以"46 + 28"为例。我们先把十位数叠加（40 + 20），再把个位数相加（6 + 8）。但这会产生足够组成另一个10的"1"。所以我们创造出一个新的10——就像用一堆杯子换来一个大碗，并将其移到了10那一堆。

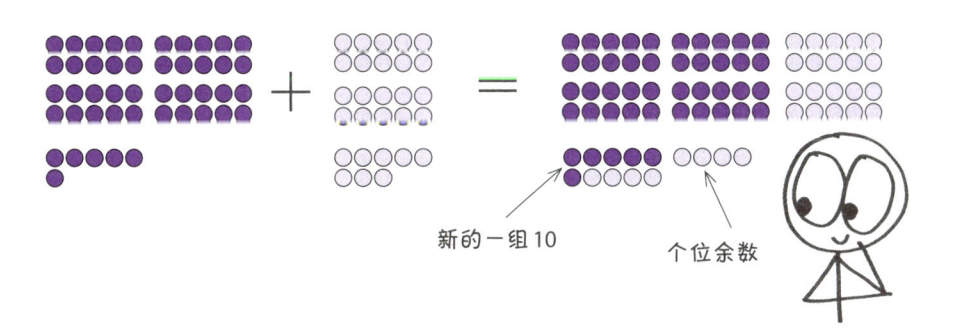

这种被称为"进位"的方法是一种"标准算法"：每一本教科书、每一间教室和视频网站上的每一位解说员都会介绍这种万无一失的技法。和所有的标准一样，它应用广泛、行之有效，甚至有一点被高估了。比起标准算法，大部分数学老师（包括我）都对那些不标准的算法更感兴趣。

这是什么意思？试试从46里减去2个单位（46变成了44），并将其分配给28（28变成了30）。就像政客有时会回答一个谁也没提过的问题，以此来规避另一个问题，重组让我们得以绕开困难的运算（46 + 28），把它转化为一个更为简单的运算（44 + 30）。现在我们得到的答案是简洁的74，不需要进位。

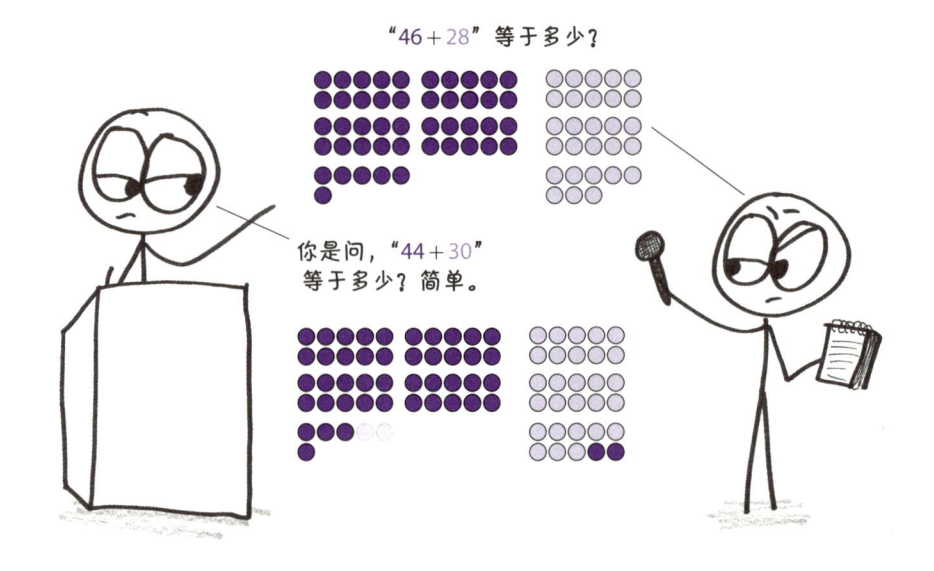

"46 + 28"等于多少？

你是问，"44 + 30"等于多少？简单。

这是数学家高斯晚年时津津乐道的一个故事：他小时候与一个名叫布特纳的扑克脸老师斗智斗勇。布特纳要求全班同学算出从1到100的数字之和，每个学生算完后都要把自己的小黑板交给他。只过了一小会儿，7岁的高斯就大步流星地走到讲台前高声喊道："我算完了！"然后把自己的小黑板交了上去。布特纳本想惩罚这个"毛毛躁躁的小家伙"，因为他"过于轻佻"。但布特纳仔细一看，高斯真的算完了。

小高斯怎么这么快就算完了这么多数字？

$1+2+3+4+5+6+7+8+9+10+11+12+13+14+15+16+17+18+19+20+21+22+23+24+25+26+27+28+29+30+31+32+33+34+35+36+37+38+39+40+41+42+43+44+45+46+47+48+49+50+51+52+53+54+55+56+57+58+59+60+61+62+63+64+65+66+67+68+69+70+71+72+73+74+75+76+77+78+79+80+81+82+83+84+85+86+87+88+89+90+91+92+93+94+95+96+97+98+99+100$

简单：他改写了老师的问题。具体来说，他把这100个数字分成50对：最小的和最大的配成一对（1 + 100）、第二小的和第二大的配对（2 + 99），以此类推，最后第50小的和第50大的配成一对（50 + 51）。经过这样的重新排列，这50对数字的和都是101，也就是50个100（5 000）加50个1（50），最后的总和是5 050。

这就是重组的魔力。它改变了问题，但答案和原来的一样。

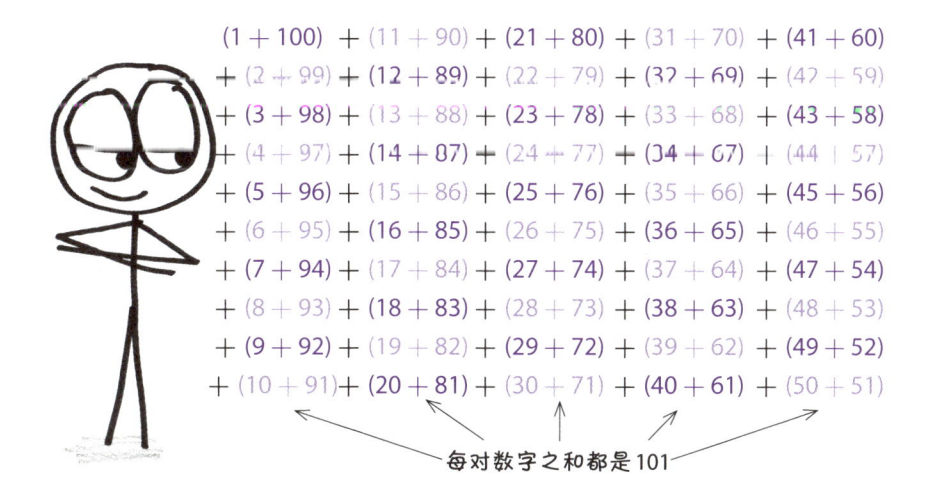

$(1+100)+(11+90)+(21+80)+(31+70)+(41+60)$
$+(2+99)+(12+89)+(22+79)+(32+69)+(42+59)$
$+(3+98)+(13+88)+(23+78)+(33+68)+(43+58)$
$+(4+97)+(14+87)+(24+77)+(34+67)+(44+57)$
$+(5+96)+(15+86)+(25+76)+(35+66)+(45+56)$
$+(6+95)+(16+85)+(26+75)+(36+65)+(46+55)$
$+(7+94)+(17+84)+(27+74)+(37+64)+(47+54)$
$+(8+93)+(18+83)+(28+73)+(38+63)+(48+53)$
$+(9+92)+(19+82)+(29+72)+(39+62)+(49+52)$
$+(10+91)+(20+81)+(30+71)+(40+61)+(50+51)$

每对数字之和都是101

乔治·奥威尔和那些坚信"2 + 2 = 4"的人都推崇加法的刻板特质。

但高斯和"重组派"颂扬的美德和他们背道而驰：灵活。当唯一重要的是总数时，我们可以随心所欲地重组加法运算中的每一个部件。我们可以把数字从这一堆移到另一堆（就像"46 + 28"那样），也可以把小堆的数字配对组成更大堆的数字（就像小高斯所做的那样）。我们甚至可以把数字堆重组成可爱的形状，给我们的算术运算增添一点几何风味。

如果布特纳老师的问题不是把前100个数相加，而是把100以内的奇数相加，又该怎么算呢？

$$1+3+5+7+9+11+13+15$$
$$+17+19+21+23+25+27$$
$$+29+31+33+35+37+39$$
$$+41+43+45+47+49+51$$
$$+53+55+57+59+61+63$$
$$+65+67+69+71+73+75$$
$$+77+79+81+83+85+87$$
$$+89+91+93+95+97+99$$

$$= ???$$

我们最好慢慢来。从1开始，这是一个 1×1 的简单方阵。

1　●　1×1

然后加入3，我们把它排成一个漂亮的"L"形，由此形成一个 2×2 的方阵。

$1+3$　　2×2

再加入5，又是一个"L"，这样我们得到了一个 3×3 的方阵。

$1+3+5$　　3×3

接下来加入7，我们得到一个4×4的方阵。

$$1+3+5+7 \quad \quad 4\times 4$$

我们可以继续前进。前5个奇数组成一个5×5的方阵。前10个奇数组成一个10×10的方阵。最后，前50个奇数，也就是我们要算的这些数，组成了一个50×50的方阵。

因此，总和是$50^2 = 50 \times 50 = 2\,500$。

不久前，我在一次会议上发言时讲了高斯和布特纳的故事，一位教授礼貌地提出了反对意见。我想他反对的可能是这个故事的真实性——这件事是否真实发生过，历史学家们莫衷一是——而他脑子里思考的是别的事。"这个故事里的布特纳看起来像个反派，"他说，"但后来他为高斯尽心尽力——为高斯找了一位导师，并帮助其走上了数学之路。"我喜欢这个版本。布特纳不苟言笑的表面下掩藏着一位老师的热心肠和变通，就像"2 +

2 = 4"刻板的表面之下隐藏着重组和重排的灵活过程。

我希望奥威尔也能赞同：如果一个国家是人民之和，那么民主也许就是我们重组和重排的过程，我们调整自身，努力将困难的问题转化为我们能够共同解决的问题。

减法

我5岁时，一天晚上，姐姐詹娜给了我一页算术题（不算最生动的课程，但我可以原谅这位新手老师，尤其考虑到她当时只有8岁）。我尽职尽责地做完了所有加法，但剩下一半不会做。这些习题的格式十分陌生：两个数字之间不是"＋"，而是一根没有意义的奇怪横线"－"。这是要我干什么？

最后，我终于知道该怎么玩了。"＋"里的竖线被省略了，所以这应该算是某种热身练习。于是我给它们一个个都画上竖线，把"－"变成了"＋"。加完后，这些习题看起来就合理多了，于是我开始做题：7－4变成了7＋4，所以应该等于11。

詹娜的反应就像我弄脏了她的睡衣。"这不是加法，"她告诉我，"是减法。"

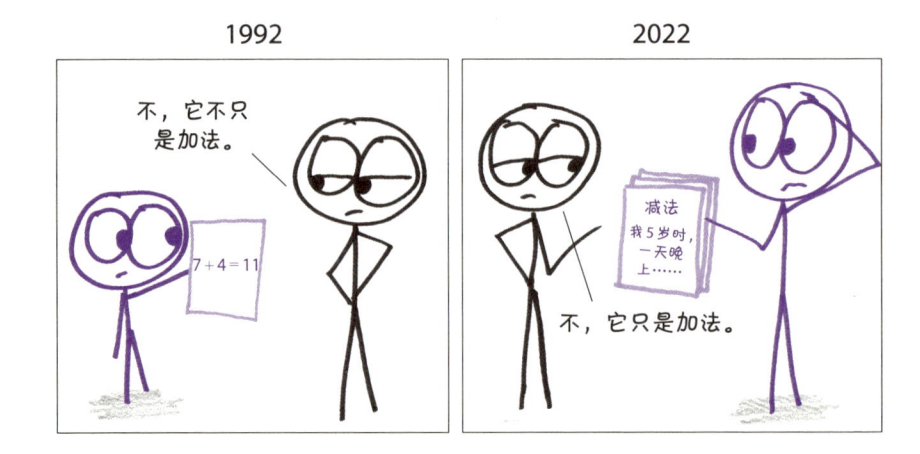

第二部分 动词：运算活动

30年后，我发现这一幕反过来重演了一遍。我和妻子泰伦聊起本节内容，她皱起眉头，小心翼翼地问我，是否真有必要写这一节。"你想假装减法是一种独立的运算吗？"她问道，"还是想解释，它其实只是加法？"

你要知道，泰伦是位数学家。在他们那伙人眼里，减法不过是加上一个负数的简略写法。你所说的"5 − 3"，对他们来说就是"5 + (− 3)"。你不是先有5个苹果，然后送出去3个，而是先有5个苹果，然后又得到3个"负苹果"。

委婉点说，这种视角有悖于常理。它似乎忽视了一个简单的事实，即把两堆东西放到一起和从其中一堆东西里拿走另一堆，这两者并不是一回事。

比如说我带着71美元（7张10美元和1张1美元）去商店，最后花了48美元（这差不多是我每周的食品杂货开销）买枞果和奶油苏打水。很明显，我没有赚到任何钱。相反，钱从我的手中花出去了。如果我想知道还剩下多少钱，加法在这里是没用的。我必须从71美元里减去48美元。

先减去40美元，简单。还剩31美元。

接下来，再支付1美元，够简单吧。还剩30美元。

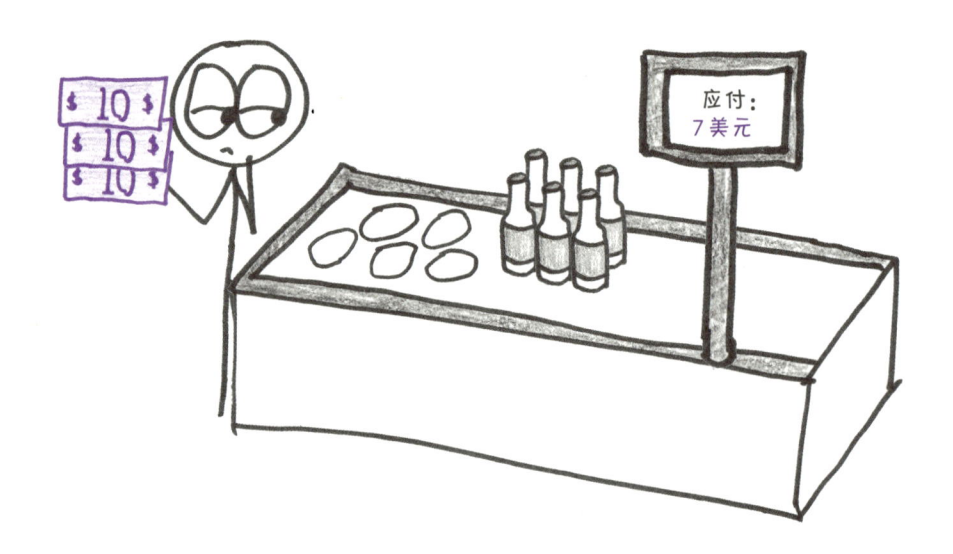

但最后这7美元怎么付呢？我得从剩下的钱里面拿出一张10美元，然后把它换成10张1美元。

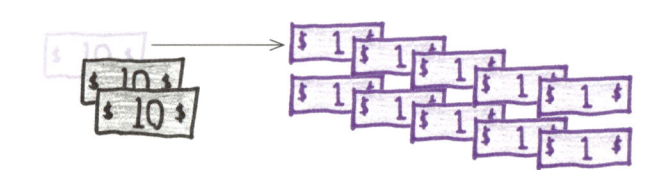

然后我就能支付自己所欠的7美元，最后剩下23美元。

这多少也算一种标准算法，人们称为"借位"。加法逼迫我们把一堆小面额钞票（如10张10美元的）换成一张大面额的（1张100美元的），减法则需要反其道而行之，把一张大额钞票（比如1张10美元的）换成一堆小钱（10张1美元的）。我们可以理解成，"进位"和"借位"这两个术语实际上等同于"把小钱加起来"和"把大钞换成零钱"。

不管你喜欢用什么术语来表达，"加"和"减"都不是同义词，而是反义词。在数学中，我们称它们为"逆运算"：两者互相抵消。先加3，再减3，就会回到你最初的状态，这就好比先锁上门然后再打开门一样。

不过，泰伦的信条在减法的另一种应用场景——计算距离中得到了支持。例如，我要开车去离家71英里远的一个地方，已经走了48英里，还有多远？

嗯，又开了2英里后，我已经走了50英里。

之后再开20英里，我已经走了70英里。

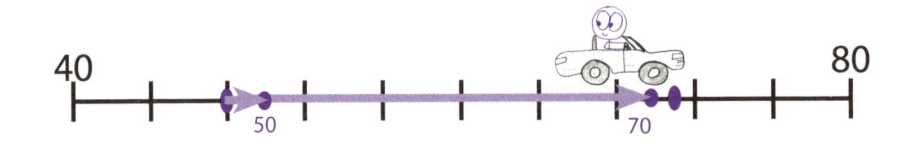

现在只剩下最后1英里。所以总的来说，我需要走"2 + 20 + 1"英里，总计23英里。

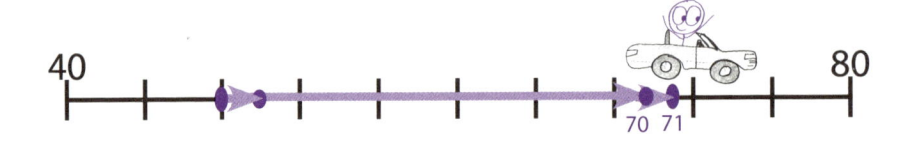

突然间，泰伦的观点开始显得有那么一丝合理了。就在刚才，为了解决一道减法题，我通过连续做加法来运算：先加2，再加20，最后加1。这个加法运算过程得到的结果和买杧果及苏打水的花费计算结果是一样的，但没有涉及"减去"的操作。实际上，从71英里里"减去"48英里又能意味着什么呢？我只是开车在高速公路上奔驰，又不是要偷走其中一段路。

泰伦"不存在减法这回事"的观点可以归结为一个简单的提议。与其把"＋3"和"－3"看作对同一个数字进行的相反操作，为什么不把它们视为对一对相反的数字进行的相同操作呢？

$5+3$

$5-3$

同一个数字，
相反的操作

$5+3$

$5+(-3)$

同一种操作，
相反的数字

这种奇怪的信条有自己的好处。首先，它简化了数学运算，把两种运算简化为一种。其次，它有助于消除一些棘手的歧义。

例如，在"8美元 - 3美元 - 1美元"这个式子中，到底是从什么里面减去什么呢？显然，我最初有8美元，然后花掉了3美元——可能买了杯咖啡。但接下来发生了什么呢？这"- 1美元"是不是另一笔消费，比如买了一个巧克力麦芬，所以要从最初的8美元里减去？还是说它是前一笔消费的折扣，比如买咖啡的优惠券，这样的话，是不是要从3美元里减去1美元？第一种解释得出的结果是4美元（这是数学老师眼里的正确答案）。第二种解释得出的结果是6美元（数学老师可不认可这个结果）。

泰伦的观点提供了一个简单的解决方案：把整个算式重新写为"8 + (- 3) + (- 1)"。没有对正数进行减法运算，而是做负数的加法运算。减法运算既不灵活又麻烦，而加法运算则更加简便，无论你选择怎样的运算顺序，得到的结果都是一样的。

那么，如果泰伦是对的，为什么还会有这一节呢？我难道不应该把它删掉吗？或者，更确切地说，通过加上它的"负数"让它从这本书里消失？

从理论上说，是的，减法可以简化为加法。但你和我，和泰伦那帮人不一样，我们并不生活在"理论王国"里。我们生活在熙熙攘攘、充满烟火气的现实世界中。在这里，有高速公路要走，有枊果要买，还有其他一些单靠数学家的抽象世界观难以解决的任务。我们最好还是听从那个8岁的聪明女孩的建议，把减法当作一个独立的运算过程来接受。正如物理学家尼尔斯·玻尔曾经说："一个深刻真理的反面也是另一个深刻的真理。"

乘法

随着10月的到来，6年级的学生将面临一场重要的考试，我班上的孩子们开始不断询问我关于上一年那次考试的情况。考试时间长吗？难不难？是不是很痛苦？我意识到自己也没考过这个试，所以我想我应该以身作则，便使用了大概5分钟轻松做完了试卷。

也许我应该再多花5分钟，因为我没拿到100分。事实上，我算错了"2 573×389"这道题的结果。

乘法有时会被描述为重复的加法。但对我来说，它是构建矩形的一种运算。计算8×4，相当于计算一个长为8、宽为4的矩形的面积，或者说计算一个8×4的阵列中的物品数量。

这些矩形能解释很多事情。例如，为什么乘法中因数的顺序不重要？为什么7×3等于3×7？如果用重复的加法来描述，就不太容易说清楚7 + 7 + 7的结果为什么会和3 + 3 + 3 + 3 + 3 + 3 + 3的结果相同。但矩形能很好地解释这一点：$a×b$和$b×a$是同一个矩形，只是旋转了一下而已。因此，用数学术语来说，乘法是可交换的。

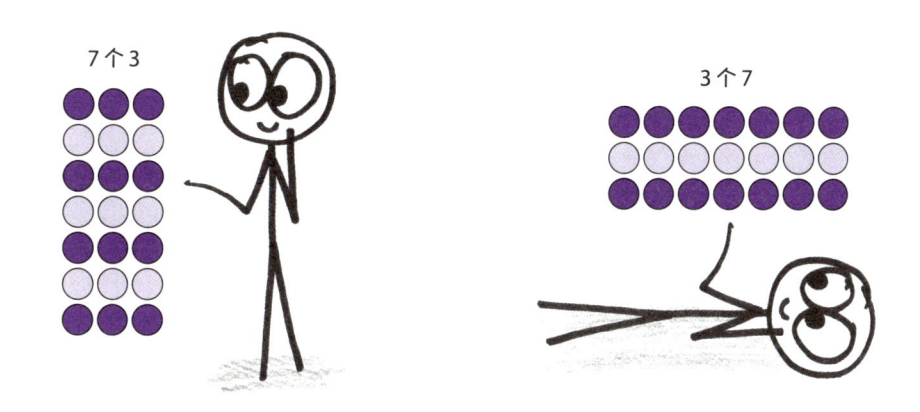

不幸的是，对于"2 573×389"这样的计算，矩形就帮不上什么忙了，除非你是一个非常有耐心的点数人。面对这类任务，我们只能求助于一种标准算法：按照记忆中的规则在纸上列算式。我当然知道那些规则，我的失败源于粗心引发的错误。

但我内心虚荣而固执的那部分拒绝接受失败。所以，我请同事艾德（一位思维敏捷、直觉性很强的数学家，也是我认识的最理性的人）帮忙再算一遍，但没告诉他为什么。

艾德也算错了。我如释重负地松了口气。

就在这时，我们的朋友汤姆恰好路过。我一贯觉得，我、艾德和汤姆就像数学系的三个火枪手，我们都是剑术精湛、冲劲十足的年轻老师。但当汤姆得知艾德和我所犯的低级错误时，我担心三个火枪手可能要就地散伙了：他用轻蔑而怜悯的眼神瞥了我们一眼，然后坐下来要给我们展示这道题该怎么做。

汤姆不敢相信他也算错了，直到两台不同的计算器都证实了他的错误。

当我发现朋友们也和我一样粗心马虎后，我越来越觉得自己情有可原，并开始放纵自己最糟糕的习惯——公开地大发议论。"你们都看到了吧？"我说，"我们根本就不应该问这样的问题。乘法的有趣之处不在这里。"

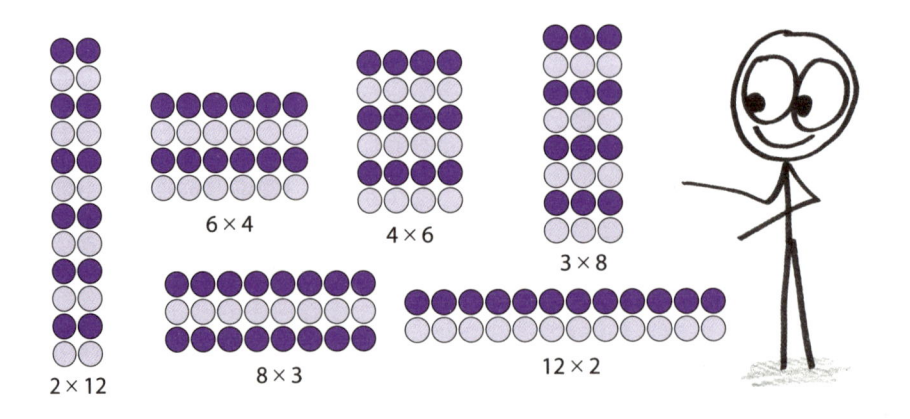

2×12　　6×4　　4×6　　3×8

8×3　　12×2

比如说我对因式分解更感兴趣：将一个给定数字重新书写为另外两个

第二部分　动词：运算活动　　93

数的乘积。或者从几何角度来说，把一定数量的圆圈重新排列成一个完美的矩形。

一些很有趣的数字，比如 24，可以用多种方式进行因式分解。

更有趣的是那些我们根本完全无法进行因式分解的数字。对于它们来说，不存在（除了那种只有一行的无趣矩形）合适的矩形来表示。对于这些数字，我更愿意叫它们"笨数"或者"非矩形怪物"，但数学家已经给它们起了一个更高级的名字，我必须承认这个名字听上去的确不错："质数"。

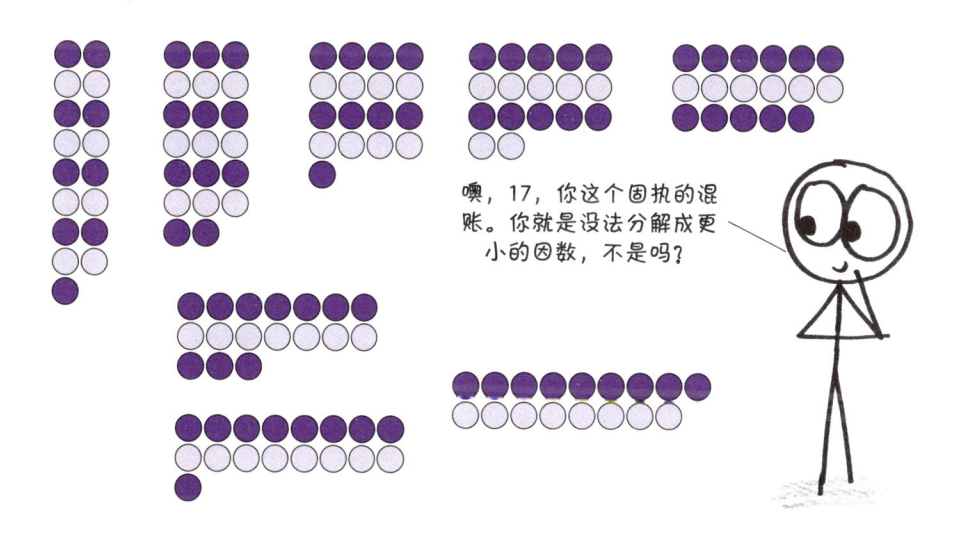

噢，17，你这个固执的混账。你就是没法分解成更小的因数，不是吗？

这些因数和质数难道不比"2 573×389"更有趣吗？

"嗯，那是当然，"艾德表示，他总是对我的那些异想天开很有耐心，"但是身为老师，我们应该把'有趣'当成唯一优先考虑的因素吗？还是说（我只是随便说说）我们的学生也应该能够将两个数字相乘？"

我不得不承认，他说得也有道理。

这时系里的一位专家——数学博士理查德，他也是我心目中智者的典范——出现在我们眼前。我们给他看了"2 573×389"这道题，并告诉他我们三个都没算对。"噢，"他说，仿佛这是个很有意思的谜题，"这两个因数是在不同的进制下吗？或者我们是在做模运算吗？这是不是什么某种符号上的小把戏？""不不不，都不是，"我们回答道，"就是单纯地把这两个数相乘。这就是我们正在为之犯难的地方。"

他眼中的快乐不见了。"真可怜。"他一边说，一边拿起了笔。片刻之后，来自英格兰西米德兰兹地区最受赞誉的数学系的四个人，在这道题上全失败了。

$$2\,573 \\ \times\,389$$

乘法运算具体是怎么进行的呢？数学老师乔·摩根在她的《数学方法汇编》一书中列出了十几种算法，其中包括网格法、格栅法和算筹法，还有从古埃及到俄国农民的算法等不同地域的变体算法。在我们的失败尝试中，我和几位同事用的都是被称为"长乘法"的传统方法。"这种方法很高效，而且相对直接明了，"乔写道，"不过和其他算法一样，学生在使用这种方法时常常并不明白它为什么可行。"

和大部分方法一样，长乘法依赖于分配律。分配律基于一个简单的事实，即一个大矩形可以拆成两个小矩形。例如，17×6可以拆成10×6加上7×6。这是有道理的。毕竟，17个某样东西和10个某样东西加上7个某样东西是一样的。

17 × 任意数

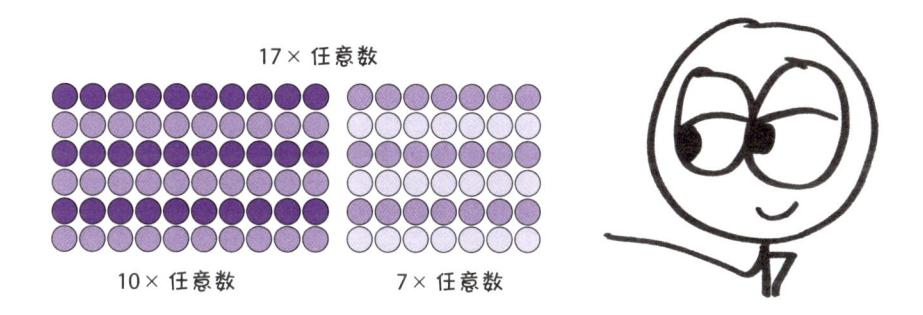

10 × 任意数　　　　7 × 任意数

长乘法归根结底就是运用分配律，根据需要多次运用，以使问题变得易于处理。例如，计算27×38时，我们首先把它看作"38个某样东西"，然后将其分解为"30个某样东西"加上"8个某样东西"。

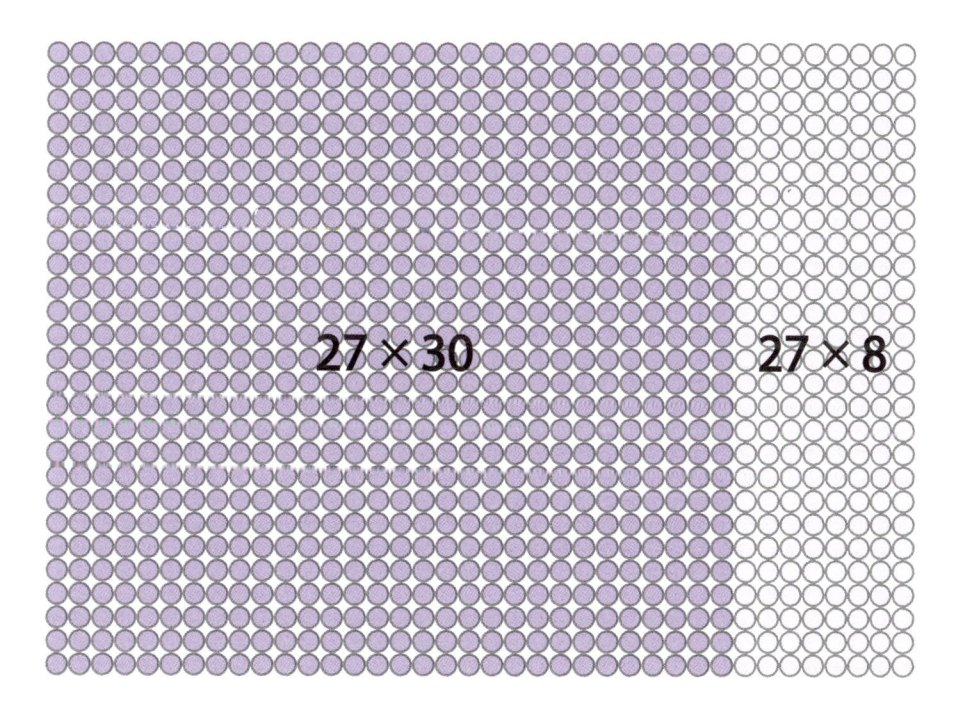

27×30　　　　27×8

接着，由于上述每个乘积都是"27个某样东西"，我们再把每个乘积分解为"20个某样东西"加上"7个某样东西"。

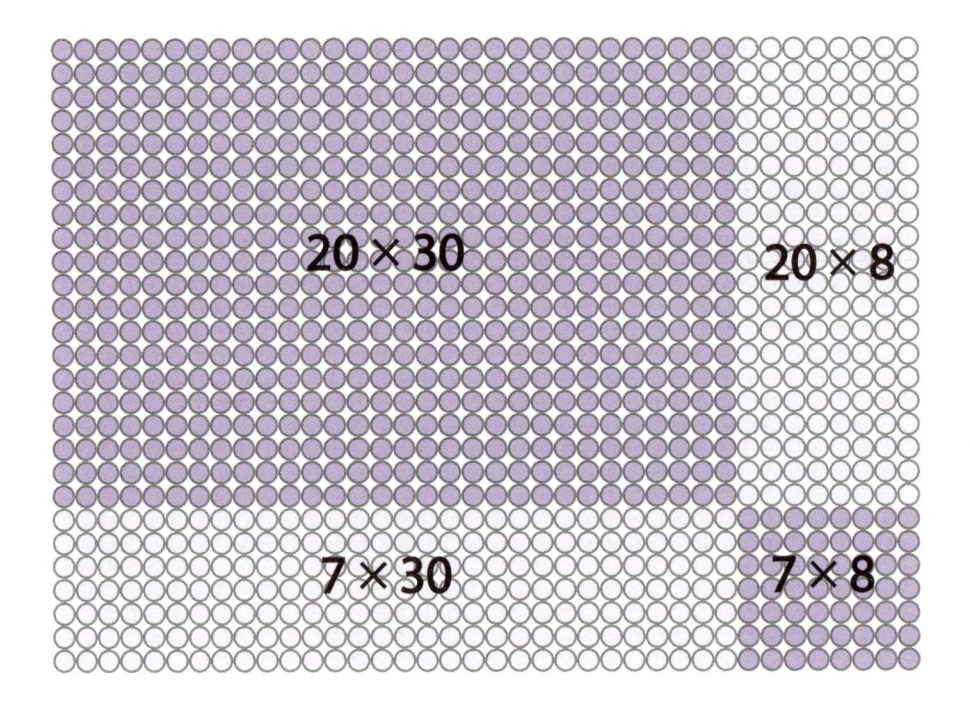

[图示：27×38 的网格被分为四个区域，分别标注 20×30、20×8、7×30、7×8]

这样，一个原本难以处理的乘法运算就变成了4个相当简单的乘法运算。接下来，你只需把这些乘积加起来。

$$30 \times 20 \quad 30 \times 7 \quad 8 \times 20 \quad 8 \times 7$$
$$600 + 210 + 160 + 56 = \boxed{1\,026}$$

但如果乘法运算真是这么简单，我们为什么还遭遇失败和困难呢？

好吧，"2 573×389"可不是分解成三四个乘法运算那么简单。它会分解成12个乘法运算。在那之后，为了求出它们的总和，我们还必须进行11次加法运算。每一步都有出错的可能。如果一个人在每30次运算中就会出现因粗心犯下的错误，那么他计算"2 573×389"时，算错的可能性要比算对的可能性更大。

我敢肯定，在平常的日子里，我们四个人都能轻松算出这道题。但在那天，空气中似乎弥漫着一些不寻常的东西。

我去教师办公室找到了西蒙。在所有的数学老师中，他是最细心，也是好胜心最强的那个。为了在自家后院和自己9岁的孩子踢足球时获胜，他甚至不惜恶意犯规。如果说有谁能分毫不差地完成23次运算，并且不出任何差错，那肯定就是西蒙了。

猜猜接下来发生了什么。

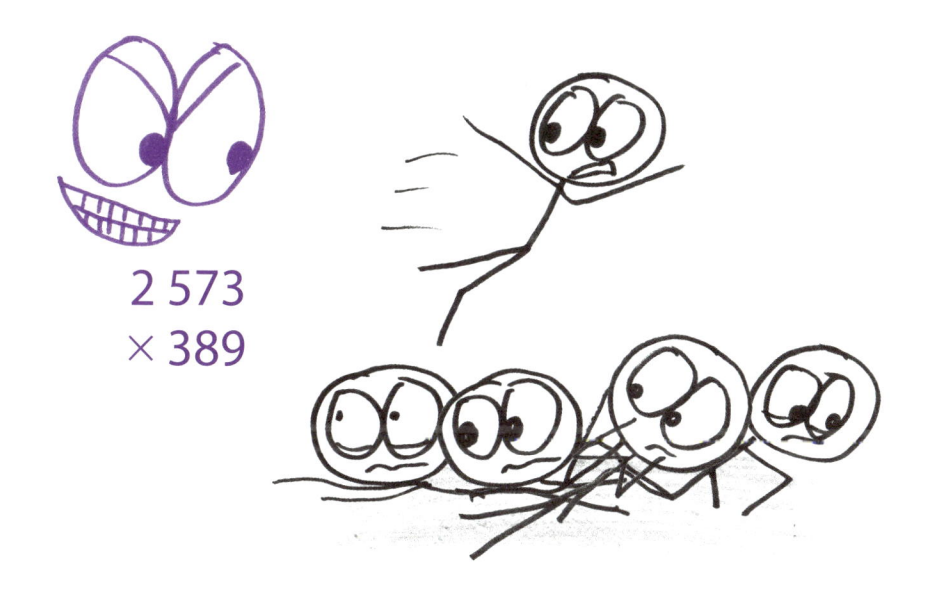

我讲这个故事——除了想把我亲爱的朋友们都拖下水——是想告诉你们，乘法的语言在两个层面起作用。在较深的层面，它是一种关于矩形的"语言"，表达着诸如交换律、质数及分配律等抽象概念。要掌握这个层面的乘法语言，需要有洞察力和理解力。但在另一个层面，乘法是一种用于计算乘积的语言，是一个得出答案的体系。要掌握这个层面的乘法"语言"需要耐心和精确——至少在那天，我们缺少这些品质。

最后，我们找到了系主任尼尔。在向他讲述了我们几个人相继失败的曲折而漫长的故事后，我们请他亲自试一试。

"哦嚯，当然不了。"他大笑着走开了。

我们站在原地，一致认为尼尔是我们当中最明智的人。就在这时，埃米莉走了过来（这位开朗的拉丁语实习老师，上一次接触数学还是在她16岁的时候）。"我来试试！"她说道。然后我们看着她进行了12次乘法运算和11次加法运算，最终得出了正确答案：1 000 897。

除法

上大学时，我的教育学教授给我们布置了一项作业，让我们把数学运算编成故事。给你一个算式，比如28÷4，然后我们必须把它融入一个场景中。例如，"4个人分28块饼干，每个人分到几块？"

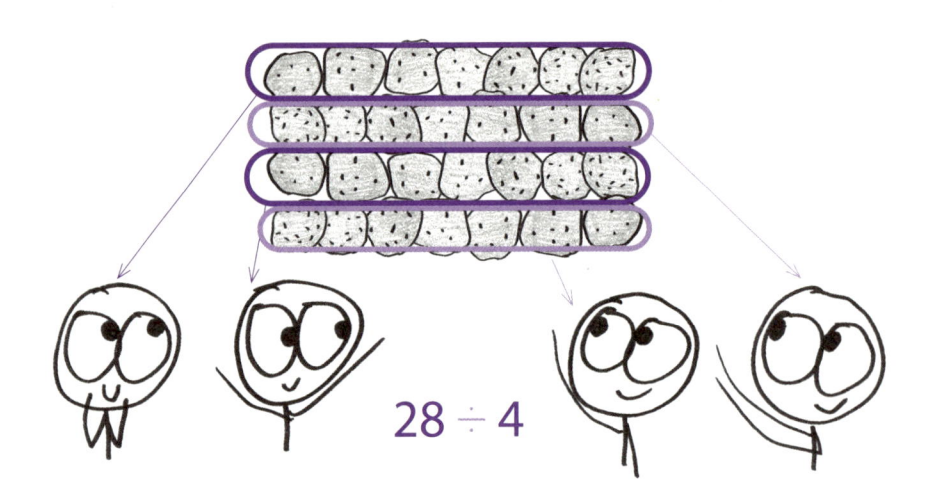

作为数学专业的一名新生，我觉得这堂课简直是对我的羞辱。"拜托！"我暗忖道，"我可是知道李群[①]的，我至少修过一门关于李群的课程。为什么还要我练习小学四年级的算术？"

[①] 李群（Lie group），以挪威数学家索菲斯·李（Sophus Lie）的名字命名，是一种具有群结构的实流形或者复流形，并且群中的加法运算和求逆运算都是流形中的解析映射。

第二部分 动词：运算活动   99

"现在，"我的教授说道，"这儿有一道除法题，几乎日本的每一位数学老师都能正确地为它编出一个故事来。但在美国，只有极少数的老师能做到这一点。"

我叹了口气，心想这能有多难。60个人分61块饼干？3个人分8块半饼干？啊，还真是多姿多彩！

"那么，"教授问道，"对于17除以1/2，能编出一个什么样的故事呢？"

听到这里，我的眼珠子一下子就不转了。

在此之前，我一直都把除法看作分饼干的运算。哪怕算出来的结果是分数（比如2个人分17块饼干），或者甚至要分的饼干数量是分数（比如2个人分$17\frac{1}{2}$块饼干），分饼干的故事也是说得通的。但如果人数是分数呢？1/2个人分17块饼干，这意味着什么？

"能不能这样讲，"我说，"如果每个人分到的份额的一半是17块，那么一个人完整的份额有多少块饼干？"

教授摆了摆手，这个手势的通用意思是"呃，可以这么理解，但不完全对"。"这个故事不是更适合用来诠释17×2？"他说。

哈！这下我懂他的意思了。"是的，当然，"我回答，"但那是因为乘法和除法互为逆运算。除以$\frac{1}{2}$等同于乘以2。所以任何适用于$17 \div \frac{1}{2}$的故事肯定也适用于17×2，反之亦然。"

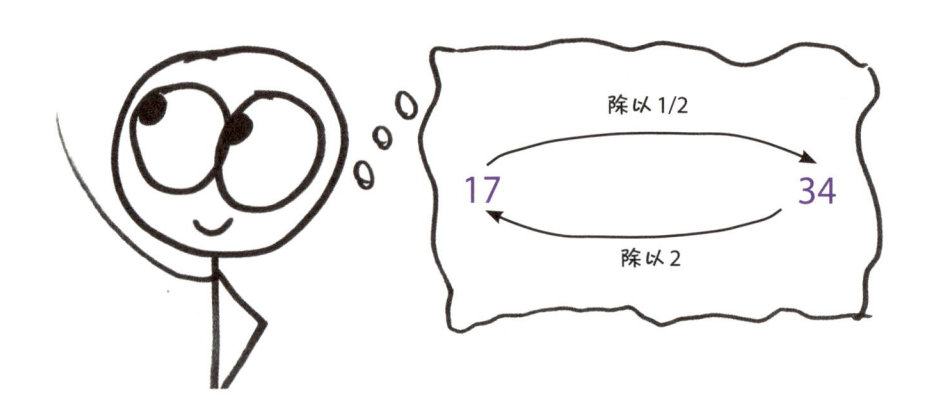

[除以 1/2: 17 → 34; 除以 2: 34 → 17]

"从理论上说,我想的确如此,"他说,"但如果我有 2 个盒子,每个盒子里有 17 本书,你真的能把这建模成 $17 \div \frac{1}{2}$ 吗?"

他说得有道理。我最讨厌别人说得有道理了。

可是……你不是除法的理想模型……

你没说啊。　　你可真聪明。

有人认为(我 21 岁时也这么认为),数学语言的美妙之处在于它的非现实性。数学让我们逃离这个充满琐碎与泥泞的世界,奔向一个严谨、抽象的王国。逻辑越纯粹——也就是离物理现实越远——真理就越深刻。爱因斯坦曾说:"数学定律一旦涉及现实,就会失去绝对的确定性,若要让它们绝对确定,就不能涉及现实。"

我认为,物质世界的付出不过是我们为了获得某些真理而付出的微不足道的代价。在我看来,$17 \div \frac{1}{2}$ 和 17×2 没什么区别。除以一个数等于乘以它的倒数,从来如此,万世不移。

话又说回来,这真的算是熟练掌握了,还是说我就像一位大名鼎鼎的厨师,却连花生酱三明治都做不出来?如果你无法描述一个需要用到 $17 \div \frac{1}{2}$ 的场合,那么这个算式又有什么用呢?数学家乔丹·艾伦伯格曾写道:"用一个数除以另一个数只是一种计算,而搞清楚你应该用什么除以什么才是数学。"

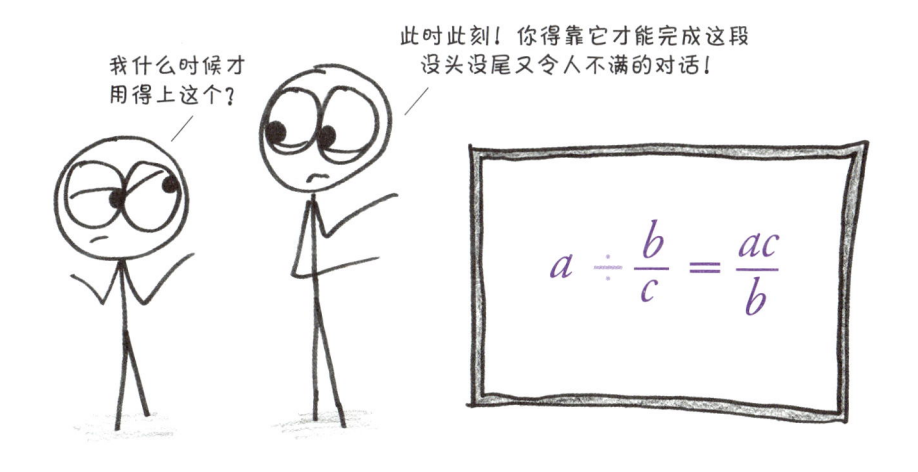

我什么时候才用得上这个?

此时此刻!你得靠它才能完成这段没头没尾又令人不满的对话!

$$a \div \frac{b}{c} = \frac{ac}{b}$$

为了更好地理解除法,我们需要回到乘法。任何乘法运算都可以有两种略有差别的解释,这具体取决于你用哪个数字来表示每组的数量。例如,当你说"2×5"时,你说的是2组5,还是5组2?

这是两种截然不同的情景:一边是2个5的组合,另一边是5个2的组合。

2×5=2个5　　　　　　　　　　　　　2×5=5个2

由于除法是乘法的逆运算，所以它也有两种对应的解释。例如，10÷2，你是要把10个物品分成2组吗？这就是分饼干式的除法，或者用教育领域的教授的话来说，等分除法。

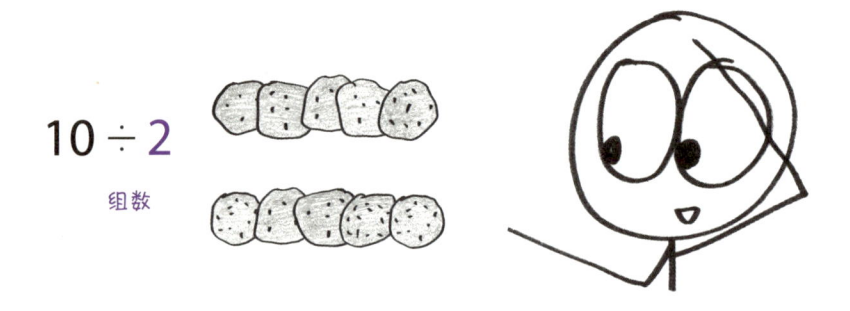

但我之前忽略了一个关键点：我们要不要换种解释，把10个物品分成每组2个的若干组？我把这种方法称为"填桶式除法"：假设你有10加仑水，你能装满几个2加仑的桶？教育专家把这称为"包含除法"。

不管出于什么原因（资本主义？），在美国，我们默认的是分饼干式的除法。但要想熟练掌握除法，这两种方式我们都得会。

以家喻户晓的真理"0不能做除数"为例。从分饼干的角度来看，"9÷0"毫无意义：这意味着要把9块饼干分给0个人，这个问题根本就不符合常理。但从填桶的角度来说，"9÷0"的意思是，假设你有9加仑水，你能装满几个0加仑的桶？这个问题是说得通的，但没有确切的答案，因为水还没分完，你的桶就用光了。因此，除以 0 是一种不可能的运算（不过它指向了"无限"或"无穷"的概念）。

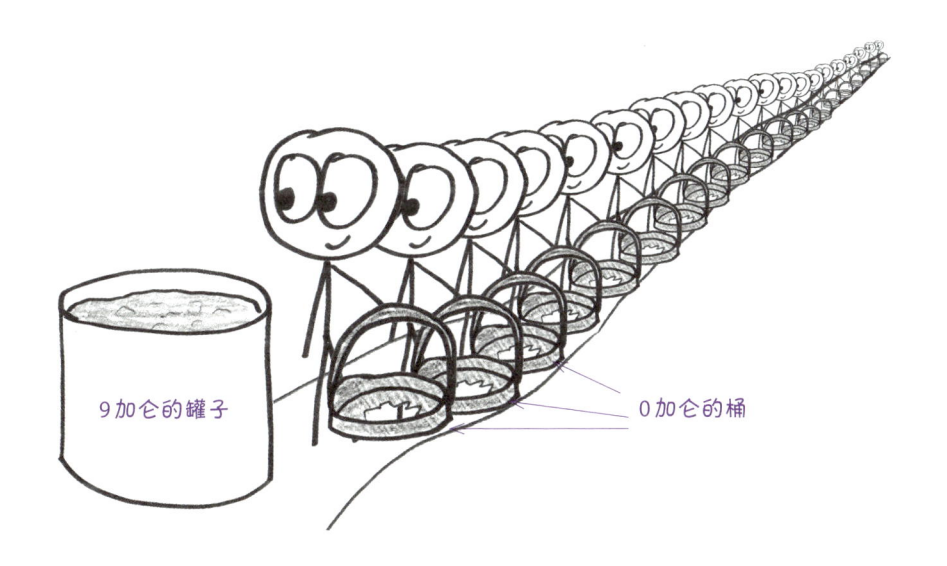

9 加仑的罐子

0 加仑的桶

尽管我的英语说得很溜，但有些简单的事实仍会让我一下子愣住，甚至让我大吃一惊。例如，在英语中，我们有一个表示"提供食物"的单词（"feed"），却没有一个与之对应的表示"提供饮料"的单词（很久以前，人们用"drench"这个词来表示这个意思），这难道不奇怪吗？只要爱上一门语言，你就能一直有这样的惊喜。

在我苦恼了 2 分钟之后，我的教授用一个简单的故事就完美地诠释了 17 除以 1/2，那一刻我满是惊讶。他问道："17 美元里有多少个半美元银币？"

我怎么就没想到呢？

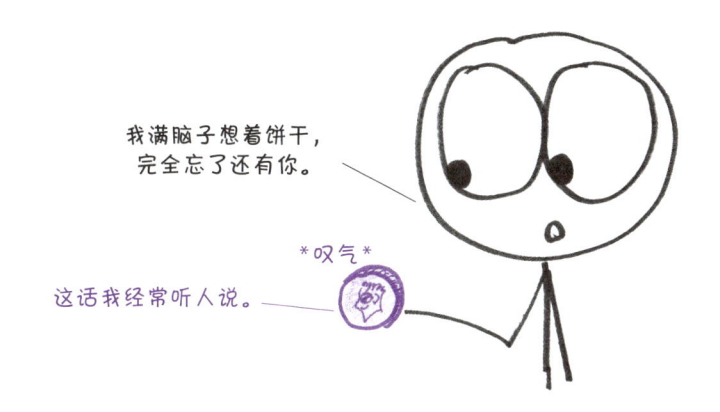

我满脑子想着饼干，完全忘了还有你。

叹气

这话我经常听人说。

我有时会把数学想象成一座高塔。它从日常经验（一堆堆饼干、一桶桶水、半美元的银币）的尘埃中拔地而起，一直通往抽象概念的稀薄大气层（李群，别管那是什么）。沿着高塔往上爬，就能体验到乐趣和力量。但向下走到底层，同样能收获乐趣以及另一种力量。在那里，你可以触摸到数学的根基，戳一戳数学与现实世界相连的节点，并用一种新的洞见填满你那半加仑的桶。

平方与立方

我尽量不对人们的无知感到惊讶。从没听说过加拿大人？可以理解，谁让他们说话那么小声。不知道牛肉来自牛身上？这也很难责怪你，毕竟大多数牛也不知道自己的肉能吃。不要评头论足——这是我的处世之道。世界那么广阔，海那么深，就算是最博闻强识的人也不可能知道所有的细枝末节。

尽管如此，我仍无法相信，居然有那么多人会惊讶于"求平方"（squaring）这个词和真正的正方形有关。

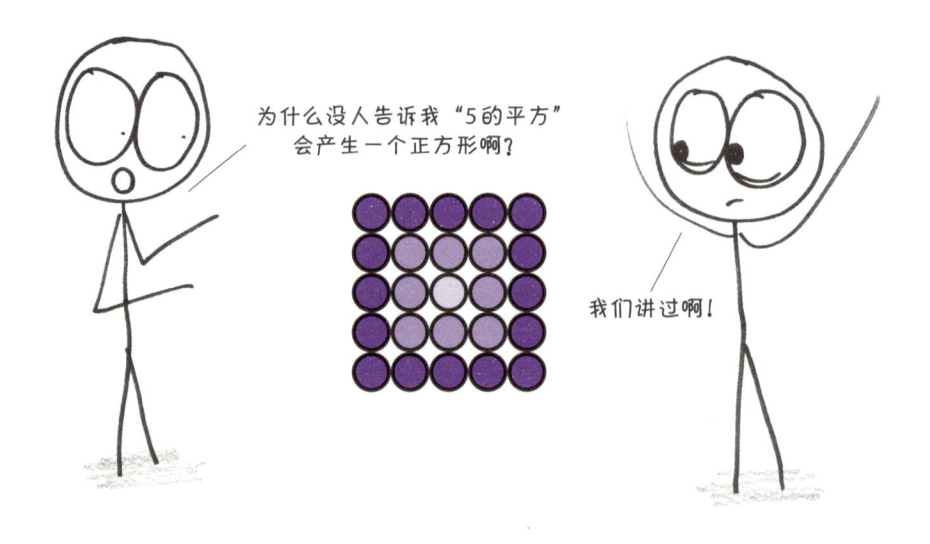

"5^2"和"5的平方"表达的是同一个意思。但它们的词源却大相径庭，有点像英语中"beef"（牛肉）和"cow"（牛）的区别。在中世纪的英格兰，只有说法语的贵族才吃得起肉。因此，"beef"（牛肉）这个词来源于古法语"boef"。与此同时，贫穷的盎格鲁-撒克逊人在田间劳作，照料牲畜。所以，"cow"（牛）这个词来自古英语里的"cū"。一个词源用于指代高级食材，另一个用于指代低贱的牲畜——尽管它们本质上是同一种生物。

数学领域也是如此。"求平方"这个词源于朴实的几何语言，而角标"2"来自高高在上的代数语言。求平方也是一种拥有两个名称的事物。

我们先说几何学方面。如你所知，正方形是一种特殊的矩形，它的四条边长相等。因此，求平方是一种特殊的乘法运算，其因数相等。

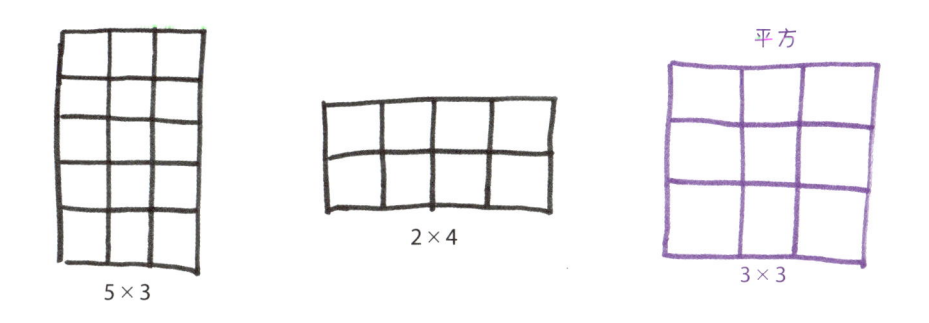

"求立方"也是同样的道理。三个数相乘形成一堆被称为"棱柱体"的矩形组合。当这三个数都相等时，棱柱就变成了一个正方体。

2×4×3　　　6×3×5　　　正方体 3×3×3

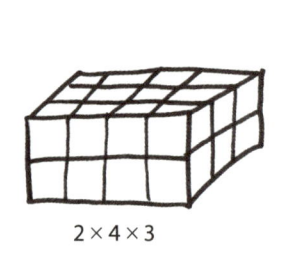

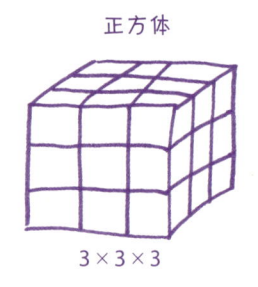

在几何学的世界中，一个数绝不仅仅是一个数，还是某种度量。1个数表示长度，2个数（长和宽）表示面积，3个数（长、宽和高）表示体积。千百年来，数学家们会用3种截然不同的符号来表示一个数以及它的平方和立方，比如像l、q和c这样的符号。不同的几何形状对应不同的名称。

至于4个数相乘，呃，这个话题有点敏感。长、宽、高，还有……到底是什么呢？并不存在明显的第四维度。所以在欧几里得的时代，学者们会竭尽全力避免将4个数相乘。

但随着时间的推移，几何学的观念甚微。数学家们开始将某个数以及它的平方、立方视为同属一个"家族"连乘。因此，A的平方变成了A^2（A×A的简写），A的立方则是A^3（A×A×A的简写），甚至连离经叛道的"A×A×A×A"也顶着A^4的名号被大家接受了。

这种新的体系让我们能够以简洁易记的形式阐述具有普遍性的规律。该体系非常有利于快速计算，但它也有缺点。

具体来说，就是人们总是误以为$(a+b)^2 = a^2 + b^2$。

我们当老师的都在尽最大努力纠正这个错误观念。我们摆出案例、列举证据、朝着虚空呐喊，但都收效甚微。这个错误过于诱人，指数的代数语言几乎是在引诱人们犯错。

相比之下，正方形的几何语言可以轻而易举地消除这种误解。去农场看看，你很快就会发现，一个边长为 13 的正方形所围成的面积，比一个边长为 10 的正方形加上一个边长为 3 的正方形的面积之和要大。从几何角度来看，$(a+b)^2$ 并不是由 2 个小正方形组成的，而是由 2 个小正方形外加 2 个矩形组成的。

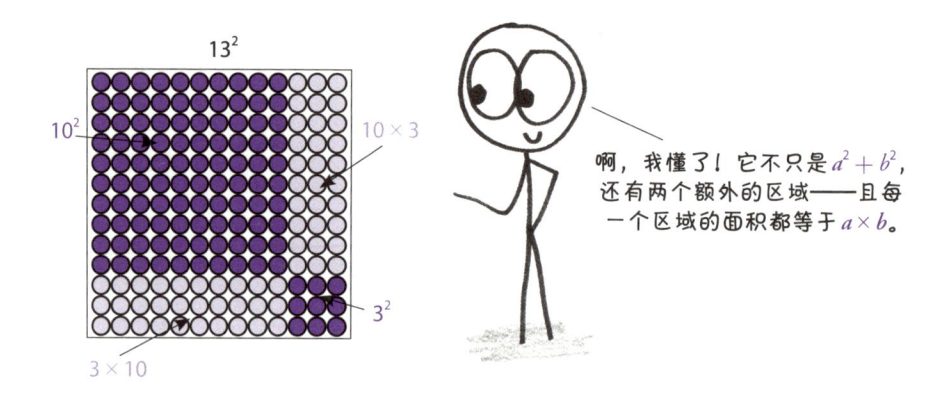

啊，我懂了！它不只是 a^2+b^2，还有两个额外的区域——且每一个区域的面积都等于 $a\times b$。

"求平方"与"x^2"是同一个概念的两种不同表述：一个是几何层面的，另一个是代数层面的；一个是具体的，另一个是抽象的；一个源自农场，另一个来自舞厅。它们各自蕴含着对方所没有的信息。一切本就该如此：世界那么广阔，海那么深，即使最伟大的符号也无法涵盖所有的真理。

根式

一天下午，艾希莉带着一道数学题来找我。

$$4^{7/2} = ???$$

最近，她转到了我任教的这所竞争激烈的特许学校的高三年级。她的

第二部分 动词：运算活动　　　　　　　　　　　　　　　　　109

同学已经在这口坩埚里度过了好几年，对低分和繁重的家庭作业已经习以为常。而对艾希莉来说，这种令人窒息（且有点吓人）的快节奏还很新鲜。"呃，"我指着那道题问道，"'7/2次方'是什么意思？"她不好意思地低下了头。这是个令人沮丧的开始。

　　回答学生的数学问题往往意味着要追溯过往。你得变成一个"法医式"的教育者，抽丝剥茧，寻找他们从最开始就没完全掌握的陈年知识点和技能。

　　"好吧，"我接着问，"那你知道平方根是什么意思吗？"她迟疑了，我知道我们找到了那块缺失的关键拼图。艾希莉知道该如何求一个数的平方，她知道5的平方等于5乘以5，也就是25。但如果反过来问她"哪个数的平方是25？"——这一步她从未学过，是她无法理解的一种"语言"。

　　原因很容易理解。平方根是个棘手的概念，就如同数学领域的不规则动词。

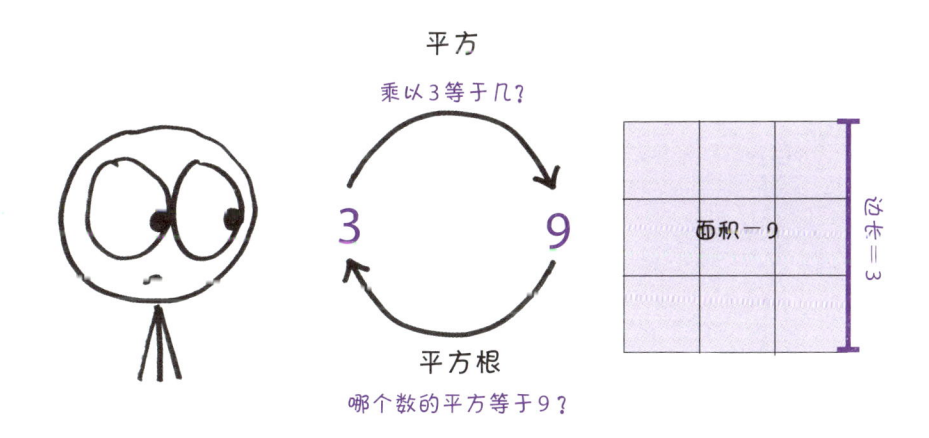

平方
乘以3等于几？
3　　9
平方根
哪个数的平方等于9？
面积＝9　边长＝3

　　根式有很多不同的叫法。在美国，我们称其为"radicals"；而在英国，人们称它为"surds"。但根式真正的麻烦之处，既不在于它们极具革命性的特征，也不在于它们存在的荒谬性，而在于它们是非常难处理的数字。

　　你试过徒手开平方吗？那可太难了。自从计算器大规模普及以来，我们就把"徒手计算平方根"这一环节从课程中剔除了，原因和我们不再送孩子下煤矿干活差不多。

当然，并非所有的根式都这么可怕。有些根式，比如$\sqrt{4}$和$\sqrt{9}$，得出的结果是很漂亮的整数。但介于这两个数之间的根式的解都是无理数，只能用无穷小的数来表示。$\sqrt{7}$到底等于多少？计算器可以给你一个近似值（2.646左右），但如果没有无限的纸张和时间，写出$\sqrt{7}$的唯一精确方式是换一种表述，比如平方后等于7的那个数。

平方根看起来像是一种设计得很糟糕的语言，而事实甚至更令人不安：它其实是一种设计得很好的语言，只是它背后的现实过于糟糕。试图沿着一个边长为1的正方形的对角线抄近路走，你走的距离就是$\sqrt{2}$个单位。穿过最简单形状的最短路径竟然是个无理数，一个我们只能通过描述产生它的运算来表示的数：$\sqrt{2}$。

因此，根式就这样模糊了名词和动词之间的界限。我们写下的是一个运算，却把它当作数字来处理——确实荒谬得离谱。

"好吧，"我对艾希莉说，努力厘清自己的思绪，"来，我想你会喜欢这个的。"说实话，我不知道她会不会喜欢，但我确信她很快就能理解这个概念。我在黑板上写了几个符号，然后转身准备问她一个问题。

艾希莉没看黑板。她哭了。"对不起，"她说，"我马上就好。只是……我觉得这太难了……"

她的声音越来越低,我知道这是怎么回事。这些年来,艾希莉一直挣扎于这些她看不懂的符号之中。她日复一日地承受着绝望的折磨:这门语言她压根儿就听不懂。我站在那里,无处求告,无能为力,无话可说。

几周后,艾希莉离开了这所学校。希望她一切顺利。我不知道她最后能不能顺利毕业。

我愿意相信,我们的那次谈话让艾希莉得到了短暂的宣泄,哪怕只有几分钟,让她感觉自己不是笨蛋。我说我愿意相信这一点,但实际上我是需要相信这一点,因为我知道,平时的我总是匆匆忙忙,让很多学生产生了相反的感受:一股脑儿地把代数步骤写在黑板上,任由暴躁或者不耐烦的情绪钻进我的喉咙,毫无同情心地把不及格的试卷发下去,没有任何安慰——在所有这些微小而糟糕的行为中,我让他们觉得自己很笨。

艾希莉离开我们学校几个月后,我碰见过她一次。当时我坐在公交车上,我们隔着窗户微笑着挥了挥手,我强忍着泪水,直到回到家才哭出来。

指数

有个问题我一直没想通:大家对指数增长的理解为何如此糟糕?

的确,这是一种糟糕的病毒。但每天增长的病例很少:4,8,16…以这样的速度,感染全世界需要……

1个月。

难道是指数增长的概念不符合自然规律？不对，这种模式在自然界十分常见。从细菌到兔子再到人类，各种各样物种的数量往往都呈指数增长。

难道是指数增长的概念过于复杂？好像不是。线性增长是每一步都加上一个特定的量（2，4，6，8，10…），而指数增长是每一步都乘以一个特定的量（2，4，8，16，32…）。

还是说指数增长的概念让人感觉太陌生？也不是。只要你见过一个社交平台的崛起，或者一场疾病的流行，甚至一段病毒式视频的传播，你就看见过指数增长。

那么，问题出在哪里呢？恐怕原因之一在于语言。"指数增长"这一概念很基础，但呈现它的符号让人难以理解。我说的就是那个常被人大肆吹嘘的、可怕的"指数定律"。

规则	案例
$x^0 = 1$	$2^0 = 1$
$x^{-n} = \dfrac{1}{x^n}$	$2^{-3} = \dfrac{1}{2^3} = \dfrac{1}{8}$
$\dfrac{1}{x^n} = \sqrt[n]{x}$	$2^{\frac{1}{3}} = \sqrt[3]{2}$（约等于1.26）

多年来，我们一直告诉学生指数是重复的乘法。例如 2^3，意味着 $2 \times 2 \times 2$。后来我们又告诉他们，指数根本不是这么回事，这简直就是奥威尔式反转。有的指数是倒数，有的是根式，还有的被法定恒等于1。这就好像政府重新定义了"偷"这个词，现在它不仅包含"拿走别人的东西"的意思，还有"开丑车"和"公开打喷嚏"的意思。要是法律条文如此随心所欲，公民怎么会有安全感呢？

但这些指数定律并不像看起来那么武断随意。事实上，它们的存在必不可少。既然 2^3 是重复的乘法，那么这些规则就是它的自然扩展。它们相互嵌套，共同组成了一套严丝合缝的系统。

负指数幂是倒过来的重复相乘，如2^{-3}。

分数指数幂是部分的重复相乘，如$2^{\frac{1}{3}}$。

而0指数幂是没有重复相乘，如2^0。

要明白我说的是什么意思，我们不妨沿着数轴把2的指数标出来。这些数字很漂亮，但现在它们不代表任何具体的事物，所以我们可以将其想象成一团细菌，它们的数量每小时增加1倍。起初只是一小团，1小时后，这团细菌增大了1倍。2小时后，菌团的尺寸变成了原来的4倍。3小时后，其尺寸是原来的8倍大。以此类推。

就这样，我们将指数与指数增长的例子联系在了一起。

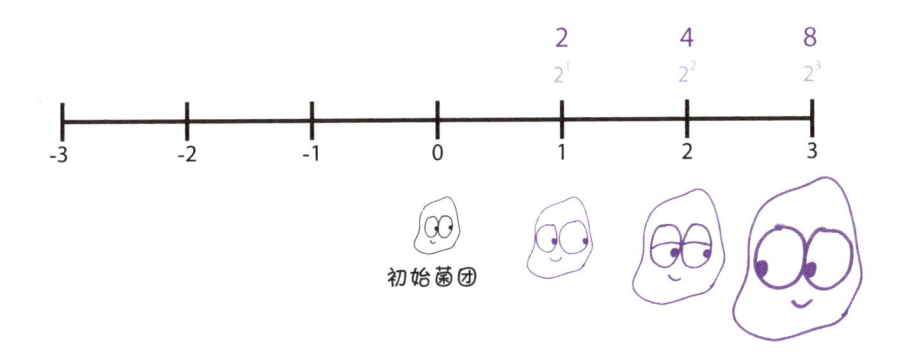

首先，0点时，也就是我们开始测量的那一刻，是什么情况？菌团维持原状，还是一个初始菌团。这可以理解为没有重复相乘。

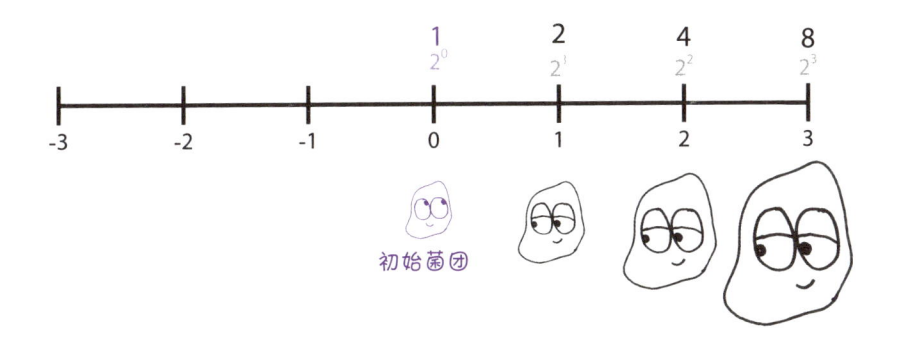

每当我们把视频向前快进1小时，就会观察到细菌的数量翻倍了。相应地，如果把视频往回倒放1小时，细菌的数量则变为原来的一半。如果持续不断地往回倒放视频，就不再是重复相乘，而是重复相除了。

因此，在"–1"这个时间点上（开始前的1小时），菌团的尺寸必然是其初始尺寸的1/2。当时间点为"–2"（开始前的2小时）时，菌团的尺寸必然是其初始尺寸的1/4。以此类推。这就是重复相除，即重复相乘的倒数。

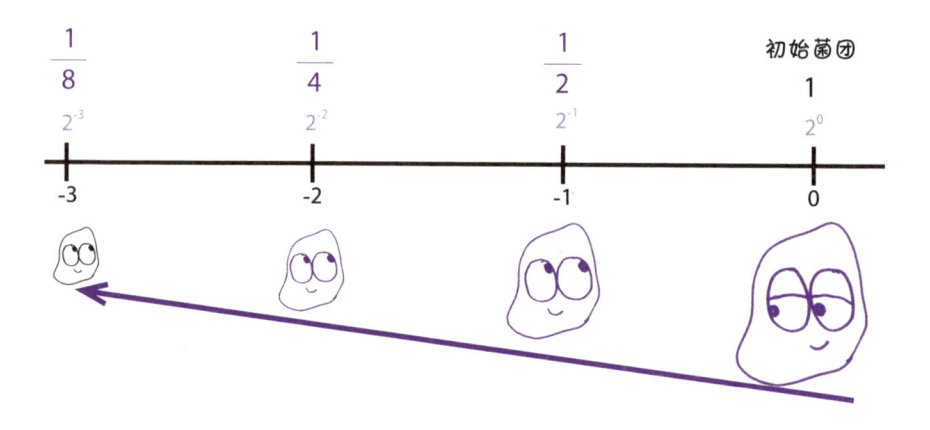

$\frac{1}{8}$　　　　$\frac{1}{4}$　　　　$\frac{1}{2}$　　　　初始菌团 1

2^{-3}　　　　2^{-2}　　　　2^{-1}　　　　2^{0}

-3　　　　-2　　　　-1　　　　0

最后，那些落在整数之间的数又是什么情况？如果我们选取的时间既不是开始之后0小时也不是1小时，而是半小时呢？

这就要当心了。当我们从1移动到2的时候，你可能觉得中间点应该是1.5，但事实并非如此。你想的是加法运算：1 + 0.5 + 0.5 的确等于2。但指数增长不是加法运算，它是乘法运算。我们想要的不是"1 + 某数 + 某数 = 2"，而是"1 × 某数 × 某数 = 2"。

幸运的是，这个"某数"有名字：$\sqrt{2}$ 。半小时后，细菌的数量是其初始数量的$\sqrt{2}$（约等于1.41）倍，被称为"部分的重复相乘"。

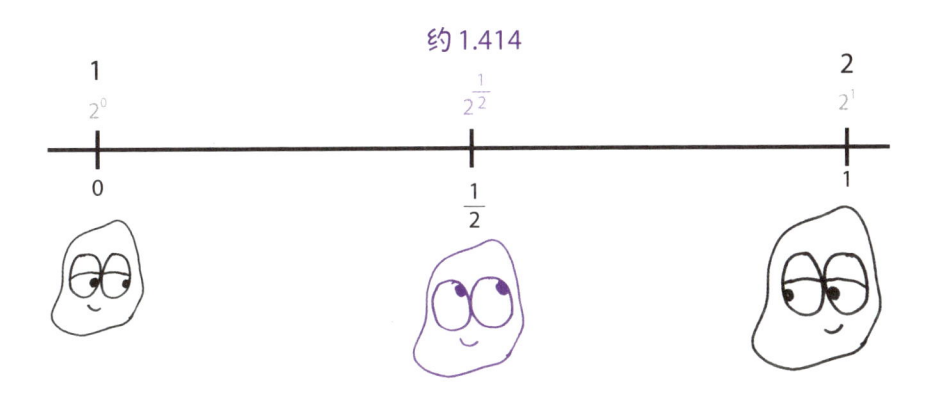

以此类推，我们可以算出任意时刻的细菌数量：无论时间是正数、负数，还是零，甚至是分数。瞧啊，菌团的尺寸真的精确遵从这些令人头疼的"指数定律"。

3次幂是重复相乘。

0次幂是没有重复相乘。

负3次幂是重复相除。

1/3次幂是部分重复相乘。

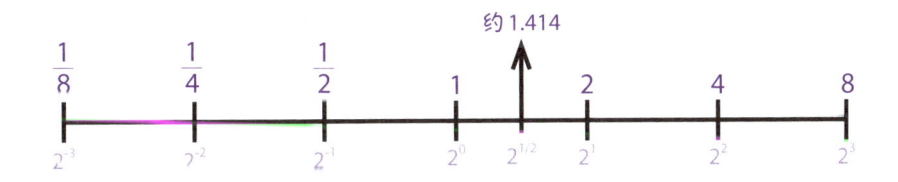

有句老话说，诗歌是"赋予同一件事物不同名称的艺术"。法国数学家亨利·庞加莱曾回应道："数学是赋予不同事物同一个名称的艺术。"

指数提供了一个漂亮的案例研究。我们把4种不同的事物放在一起，然后赋予它们同一个名称。重复相乘（$2 \times 2 \times 2$）、重复相除（$\frac{1}{2 \times 2 \times 2}$）、不同次幂的根（$\sqrt{2}$），以及我们熟悉的简单数字1，全都被统一到指数的概念下。最令人惊叹的是，这样做真的行得通。正因如此，它才是一门艺术，而不是胡说八道。看似各不相干的4种运算其实是不同形式的指数增长。

这并不意味着指数增长的概念很"容易"理解。想想看吧,"现代智人"这一物种最开始只是一个小群落,可能只有1万人。从这一数字增长到10亿,我们用了几千代人的漫长时光。然而,在此之后,仅仅经历四五代人,人口就增加到了20亿。注意,这里说的不是四五千代,而是四五代。从20亿人增加到30亿,还需要一代人,而从30亿增长到40亿,只用了短短10年。指数增长或许既不是不符合自然规律,也不复杂,更不陌生,但它确实有着独特怪异之处。

对数

在位于大不列颠北部的斯特罗姆内斯镇里一家温馨的书店里,我买了一本《正在消失的词语大全》。在这本书中,语言学家大卫·克里斯托收录了源自英语各类方言的词汇,这些词汇充满浓郁的地方特色,但如今正逐渐不再被使用,如"dabberlick"(又高又瘦的人)、"rumgumption"(常识;灵机一动)、"squinch"(墙上或地板上的窄缝),等等。我个人最喜欢的是"logaram",我不仅爱它本身的意思("不合理;愚蠢;经过美化的长故事"),也爱它的词源。

你来的时候,我灵机一动,想把你这个又高又瘦的蠢货塞进墙上的窄缝里。

$\log(x)$

"logaram"来自胡言乱语的终极形式：对数。

"对数"（logarithm）一词诞生于几个世纪前，斯特罗姆内斯以南几百英里外的地方。它由"logos"（合理）和"arithmos"（数字）构成，字面意思是"合理的数字"。显而易见，并非所有人都认可这个正面评价。不管怎么说，对数是为了一个明确的目的而产生的。它让困难的计算变得简单了。

在没有计算器的年代，长乘法和长除法做起来都很费时间（看看我在乘法那一节里有多吃力），但加法和减法就相对简单一些。有了对数之后，计算两个数的乘积这件事就有了新的方法：你无须再直接进行乘法运算，只需在一本厚厚的手册中查找它们的对数并将其相加，随后再把相加的结果换算成普通数字即可。对数正是以这种方式把乘法运算变成加法运算的。

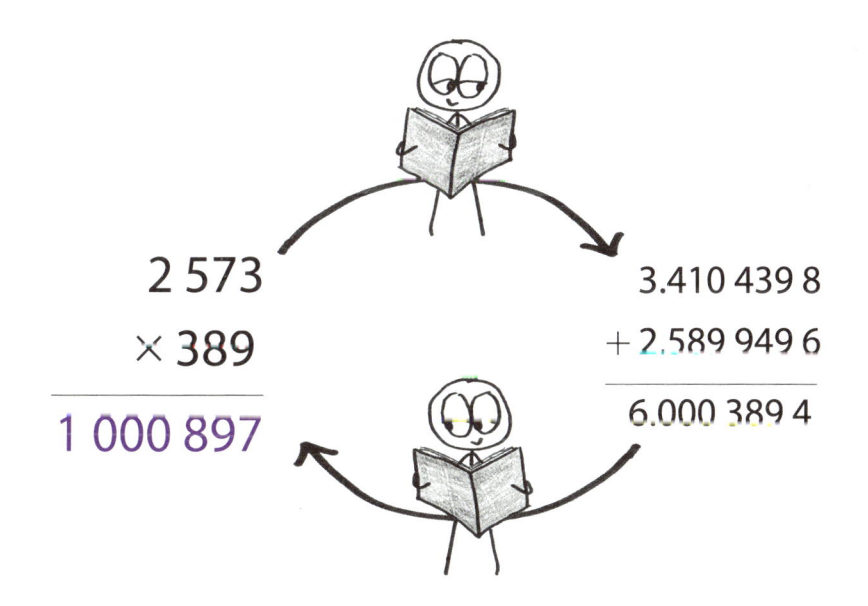

$$2\,573 \times 389 = 1\,000\,897$$

$$3.410\,439\,8 + 2.589\,949\,6 = 6.000\,389\,4$$

由此产生的效果算是某种简化。对数将乘法简化为加法、除法简化为减法、平方简化为翻倍、平方根简化为减半、大数字简化为小数字。

简而言之，对数是数学领域的"收缩射线"。

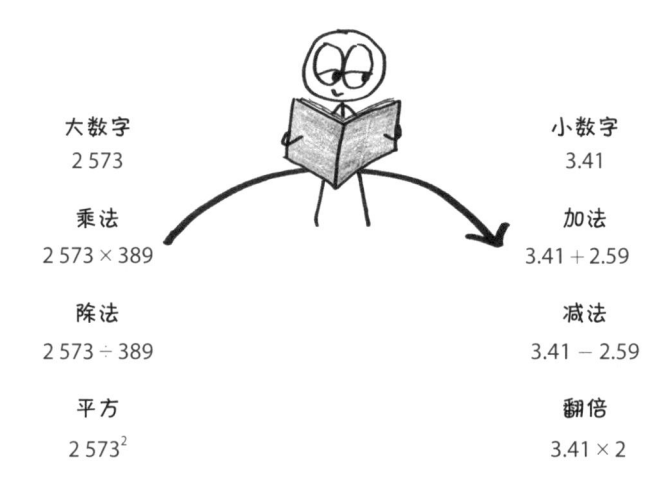

大数字	小数字
2 573	3.41
乘法	加法
2 573 × 389	3.41 + 2.59
除法	减法
2 573 ÷ 389	3.41 − 2.59
平方	翻倍
2573^2	3.41 × 2

有一段时间,每位学者手边都备了一本对数手册。"一位苏格兰男爵登场了,"天文学家约翰尼斯·开普勒在给朋友的信中写道,"他干了一件了不起的事,将所有的乘法和除法运算都转化成了加法和减法运算。"1823 年,数学家查尔斯·巴贝奇向英国财政部承诺,他能提供"像土豆一样容易获取的对数表"。这样的前景显然让财政部十分振奋。

时至今日,土豆仍在流通,对数表却早已被淘汰。对我们来说,对数已经不再是一件省力的工具,它变成了一种运算。具体来说,对数是指数的逆运算。指数会放大量级,而对数会缩小量级。

以地震为例。有记录以来震级最高的一场地震(1960 年 5 月 22 日,发生在智利)所释放的能量,几乎是那些曾让我位于加州奥克兰的公寓晃动的无害小地震的 10 亿倍。该如何处理如此悬殊的规模差异呢?使用被称为"矩震级"的对数标度就可以,它能将指数级的巨变(× 1 000)缩减为线性的巨变(+ 2)。

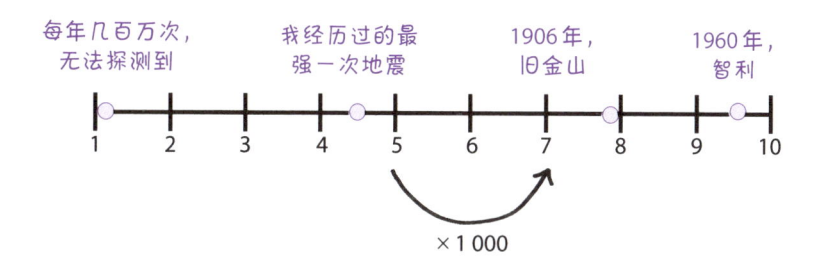

声波也一样。雷声的强度相当于10亿个人的低语声，但分贝（dB）的对数标度可以将如此巨大的差异缩小到我们能掌控的程度。这样乘法运算（×10）就变成了加法运算（+10）。

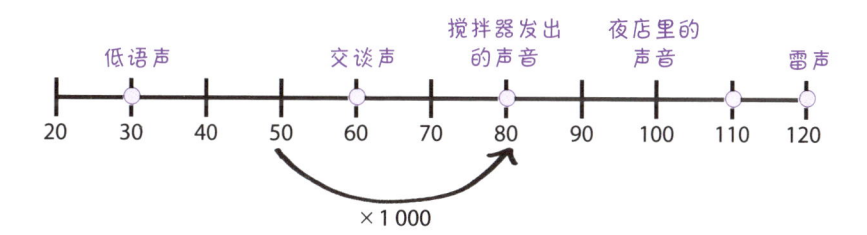

纵观整个科学领域，从化学物质的酸度到恒星的亮度，我们都需要从乘法运算转化为加法运算的量级。对数就是我们把"×"翻译成"+"的词典。

它曾经是一本非常有用的词典。除科学领域，对数在工程和航海的基础工作中占据核心地位长达数个世纪。正如科普作家詹姆斯·格雷克所说："对数拯救了船只。"但如今，更便捷的计算工具取代了对数，它注定会被淘汰。事实上，这本将"×"翻译成"+"的词典成了一本正在消失的词典。

或许有人会这样想，尽管对数生来是为了简化计算，但它的用途远不止于此。从这个意义上说，对数就像整个数学语言的缩影：最初诞生于某个特定的实用目的，却逐渐发展成一种广袤而深刻的知识体系——直到今天，该体系甚至仍为偶尔出现的对数研究留有空间。

分组

我曾经偶然看到一份精心编撰的充满歧义的新闻标题清单。其中的三条标题深深地刻在了我的脑海中,并且每一条都伴随着生动而可怕的画面。

与第一印象相反,事实根本没有那么耸人听闻。喝牛奶的人只是改喝了奶粉。孩子们正在制作健康的零食。至于人们对 NBA 的抱怨,并非对裁判的外貌有所不满,而是对裁判那些不合理的判罚行为深感诟病。每一条标题都可以有两种解读方式,但基于我们对世界的认知,很容易就能判断出哪种解读是正确的。

所有语言都会产生歧义,也就是说,你所说的话可能会被理解成你原本没有的意思。但对数学而言,歧义会带来很多麻烦,因为数学是一门纯粹基于语法规则的语言。面对一个方程时,没有任何上下文能为我们提供有用的线索。

例如,在下面这个式子中,我们应该先进行哪种运算:是加法还是乘法?

$$2 + 3 \times 4$$

如果先进行加法运算,就是 5×4,最后的结果等于 20。但如果先进行

---

① 这是关于英语句子歧义的一个案例。这三个标题用英文表述分别为:Milk drinks are turning to powder、Kids make nutritious snacks、Complaints about NBA referees growing ugly。它们既可以是这里的意思,又可以是第 125 页图中的意思。

乘法运算，就是 2 + 12，最后的结果是 14。所以，到底先做哪个才对？喝牛奶的人是在喝奶粉还是变成了奶粉？

先加　　　　　　　　　　　　　　　　先乘

又如下面这个式子：

$$2 \times 3^2$$

如果先进行乘法运算，就是 6^2，最后的结果是 36。如果先进行平方运算，就是 2×9，最后的结果等于 18。这个式子想表达的是哪种意思？孩子们是大厨还是食材？

先平方　　　　　　　　　　　　　　　先乘

我们需要就如何解决这些歧义达成共识，建立一个关于先进行哪些运算的约定俗成的规则。幸运的是，数学家们已经制定了一条简单的规则：更强大的运算优先进行。

指数

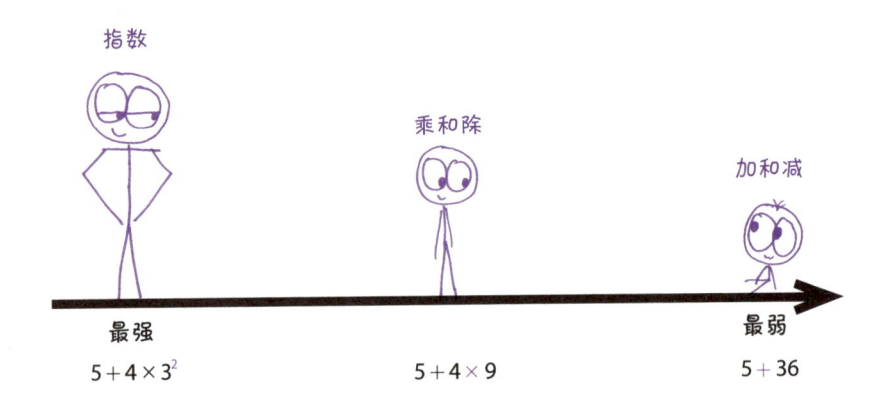

乘和除

加和减

最强　　　　　　　　　　　　　　　　　　　　　　　最弱
$5+4\times3^2$　　　　　　　$5+4\times9$　　　　　　　$5+36$

例如，乘法比加法更强大（事实上，乘法是重复相加的一种形式）。所以在"$2+3\times4$"这个式子中，我们先乘后加，结果等于14。

我先！　　　　　　　　　现在该我了！

$2+3\times4$　　　　　　　$2+12$　　　　　　　14

与此同时，指数比乘法更强大（事实上，指数是重复相乘的一种形式）。所以在"2×3^2"这个式子中，我们先平方，再相乘，结果等于18。

我先！　　　　　　　　　现在该我了！

2×3^2　　　　　　　2×9　　　　　　　18

那么，"$8-2-5+4$"这个式子呢？由于加法和减法强度相同（它们互为逆运算），所以在这种势均力敌的情况下，我们只需从左向右计算：先是$6-5+4$，然后是$1+4$，结果等于5。

歧义消除了。但是这里有一个问题：如果我们想先进行那些没那么强的运算呢？难道就没有办法表达这种想法吗？万一喝牛奶的人真的变成了一堆堆粉末——尽管这种情况不太可能发生，我们该如何拉响警报？我们不仅需要一种默认的运算顺序，还需要一种方法来改变它。括号就此登场。

通常情况下，运算级别从强到弱，除非我使用括号来指定不同的顺序。

所以，如果你想在乘法运算之前进行加法运算，你可以把式子写成（2 + 3）× 4。现在，2 + 3 成了一个封装的单元，一个独立部件。我们先解决括号内的运算，然后再看括号外面的。最终结果是 20。

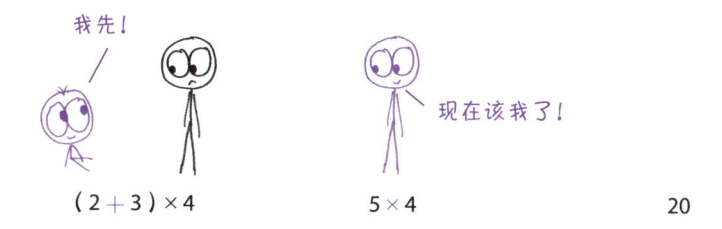

我先！ 现在该我了！

(2＋3)×4　　　5×4　　　20

或者，你想先乘后平方，你可以把式子写成 $(2 \times 3)^2$。现在，2 × 3 在括号内结合成一个整体，外面的任何运算都无法进入。最终结果等于 36。

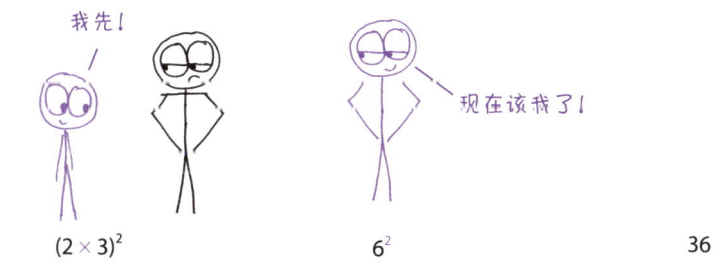

我先！ 现在该我了！

$(2 \times 3)^2$　　　6^2　　　36

如果你想先加后乘，然后再乘方呢？在这种情况下，你可以叠加使用括号，就像用包装纸把数字一层层地包裹起来，以厘清谁应该和谁在一起。这时式子不再是 $1 + 4 \times 3^2$，而是 $[(1 + 4) \times 3]^2$。

我先！ 现在该我了！ 最后

$[(1+4)\times 3]^2$ $(5\times 3)^2$ 15^2

在数学中，有两种规则，我们可以将它们称为"惯例"和"定律"。惯例涉及如何使用和解释数学语言。例如，"$4\frac{1}{2} = 4 + \frac{1}{2}$"这一事实。如果我们愿意，我们可以召开一次全球性会议并达成一致，改变这一惯例，让$4\frac{1}{2}$表示$4 \times \frac{1}{2}$。这就像所有说英语的人都一致同意"friendship"（友谊）现在意味着"ice cream"（冰激凌）。这很奇怪，但完全行得通。

与此同时，定律涉及数学真理。尽管数学真理是用语言来表达的，但它们的意义比语言更为深刻。例如，$a \times b$等于$b \times a$这一事实。没有任何全球性会议能够改变这一真理。我们可以随心所欲地修改语言，但无论我们最终采用哪种语言，它背后的基本原理永远成立。

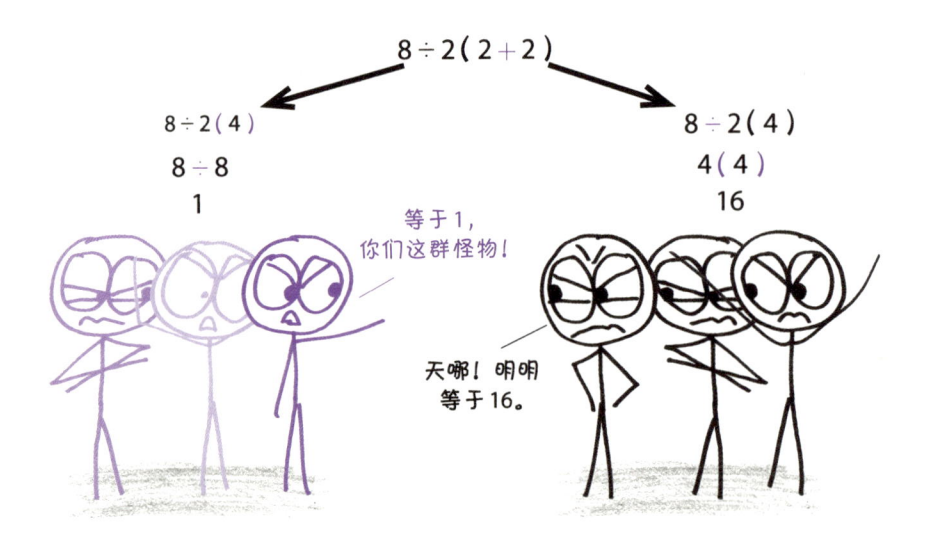

$8 \div 2(2+2)$

$8 \div 2(4)$ $8 \div 2(4)$
$8 \div 8$ $4(4)$
1 16

等于1，你们这群怪物！

天哪！明明等于16。

运算顺序是一个有趣的例子。它是一种惯例，但常常被误认为定律。看看每隔几个月就会在社交媒体上疯传的那些奇特题型。一个典型的例子是我在本书开头提出的那个，数学家史蒂芬·斯托加茨在《纽约时报》上评价它"巧妙极了，就像是专门为了恶作剧而创造出来的"。

那个问题是，8÷2（2+2）等于多少？

问题在于省略的内容，即第一个2和括号之间没有运算符号。这种省略代表相乘，也就是说，我们要用2乘以（2+2）。但这个乘法是在除法之前还是之后呢？除号在左侧，因此按照从左到右的逻辑，我们应该先进行8÷2，得到4，然后再用它乘以（2+2），最后得到16。

但当2和（2+2）之间甚至没有一个运算符号隔开时，把它们分开来计算难道不奇怪吗？如果从左到右的运算规则只在乘法由明确的符号（比如"×"或者"*"）表示时才适用呢？根据这个逻辑，我们应该先进行2乘以（2+2），得到8；然后再进行除法，8除以8等于1。

那么，到底谁说得对：是16还是1？

老实说，我并不在意，因为这个问题不涉及定律，而是关乎惯例——惯例是主观的。这不像在问科学家把一块石头扔进池塘里会发生什么，而更像在问他们这么做的意图是什么。

既然数学是一门语言，那么当人们用得不好的时候，唯一的解决办法就是：问问他们到底想表达什么意思。

计算

我最喜欢的问题之一来自克莱尔·朗莫尔老师:

啊?

如果一支由120位乐手组成的交响乐团演奏贝多芬的《第九交响曲》耗时40分钟,那么由60位乐手组成的乐团演奏这首曲子需要多长时间?

近年来,克莱尔的这个问题在互联网上广泛传播,所到之处无不引发人们的质疑和愤怒(这不仅仅是因为完整演奏贝多芬的《第九交响曲》的时长应该超过1小时)。单从问题的表述来看,它毫无逻辑可言。减少一名中提琴手并不会改变交响曲的演奏节奏。"账不是这么算的,"有人在一条阅读量上百万的推文下留言嘲讽道,"这笔账压根儿就不能这么算。"另一名网友也附和着打了个比方:"如果一个女人怀胎九月才能生下一个孩子,那么两个女人生一个小孩需要多长时间?"这样是不是就容易理解他们对此的不屑了。毕竟,哪会有老师问出这么荒谬的问题呢。

事实上,这位老师相当聪明。克莱尔提出了一个简单且强有力、却又奇妙得容易被人忽略的观点:有时正确的计算方式并非进行计算,而是不做任何计算。

接下来,让我们来看另一个问题,这个问题的出现比克莱尔的问题早了几十年:

第二部分　动词：运算活动　　　　　　　　　　　　　　　127

羊群中有125只羊和5条牧羊犬。请问，这条牧羊犬几岁了？

　　根据已知信息，你无法回答这个问题，因为年龄不能用"每条牧羊犬看守几只羊"来计算。但在一项经典研究（以及随后的重复实验）中，大约四分之三的小学生试图通过某种计算来解决这个问题。其中大部分人选择将这两个数相除，得到25。另一些孩子要么取平均值（65），要么相加得到130，甚至还有孩子将它们相乘，得出牧羊犬的年龄达到了超凡脱俗的625岁。

　　许多孩子知道这很荒谬，但他们无法领略克莱尔的智慧，就是忍不住要计算。

　　为什么计算从一开始就如此重要呢？因为测量只能带我们走这么远。例如，我们无法直接测量从地球到恒星的距离。相反，我们可以测量那些能够测量的东西——比如恒星在天空中不同季节的倾斜角度的变化——然后我们通过计算得出我们想知道的信息。计算能够将已有的数据转化为新的认知。但前提是，它必须是正确的计算。

　　这里有一个更微妙的例子。3位顾客在餐厅里平分25美元的账单，他们每人掏出10美元，然后收到5美元找零。他们决定每人分1美元，然后剩下2美元当作小费。

　　但是等等：由于每位顾客最终实际支付了9美元，这样总共就是27美元，再加上2美元小费，一共是29美元。但他们一开始支付的是30美元，剩下的那1美元去哪儿了？

这个问题看起来的确像个问题，似乎需要一个实实在在的答案。但它其实和牧羊犬年龄的问题一样荒谬。所谓"消失的1美元"不过是一系列无意义的运算造成的假象。题干中把27美元（顾客们总共消费的金额）和2美元（小费）相加了，但实际上，这2美元已经包含在27美元里。要是克莱尔·朗莫尔在场的话，他一定会说这么做很愚蠢。如果你想弄清楚30美元的去向，即25美元用于支付账单，2美元是小费，还有3美元又回到了顾客手中。唯一令人费解的是，我们为什么要进行"9 + 9 + 9 + 2"这串毫不相干的计算。

我们会告诫没礼貌的孩子："如果你没有什么好听的话要说，那就什么都别说。"数学也一样：如果你没有什么有意义的计算可做，那就什么都别算。但就像忍住不骂人一样，说起来容易做起来难。或者说，说不做比真正不做要容易。学校里教的数学总是充满了各种运算活动：加、减、乘、除，更不用说计算距离、面积、体积、因数……当你多年来一直处于疯狂运算的状态中时，没有什么比停下来更难的了。

在这一部分的开头我就指出，运算符号实际上并非真正的动词，比如"2 + 3"中的"+"更像一个连词（2和3）或者介词（2附带3）。我当时说这是一个"看似微不足道的技术要点",稍后会详细讨论。现在是时候讨论它了。我们一直把"+"和"-"当作动词来理解,认为它们是在告诉我们该进行怎样的计算。现在,我们必须以一种全新的方式来解读数学。不是把它当作指令,而是看作一种结构。

例如,1+1,这是我能想到的最简单的运算。我们一直把这个式子当作指令来理解:将这两个数相加。但在数学的语法中,这不是一条指令,而是一个事物:两个名词连接起来构成一个名词短语。"1和1"类似于"一条狗和另一条狗"。如果你愿意,你可以把它解释为"两条狗"。但这样的解释不是必须的。在这门语言中,"1+1"不是一个答案为2的问题,它是一个名词,其同义词是2。

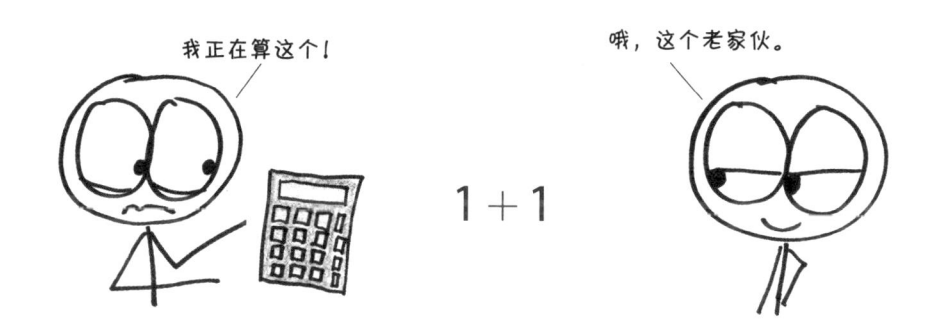

还有一个更有趣的例子:$3 \times 7 \times 11$。这不是一条指令,而是一个数字。如果你愿意,你可以用它的同义词231来替代它,但在这个过程中会丢失一些信息。如果你要求我把231颗软糖分成数量相等的几堆,我会不知所措。但如果你让我把"$3 \times 7 \times 11$"颗软糖分成数量相等的几堆,我一下子就知道该怎么做:我可以将其分成3堆,每堆有"7×11"颗;也可以分成7堆,每堆有"3×11"颗;或者分成11堆,每堆有"3×7"颗。用231替代"$3 \times 7 \times 11$"会抹去所有这些信息。只有不进行计算,数字的本质才能保持清晰。

有时候,正确的计算方式就是根本不去计算。忽略指令,专注于数字的结构。

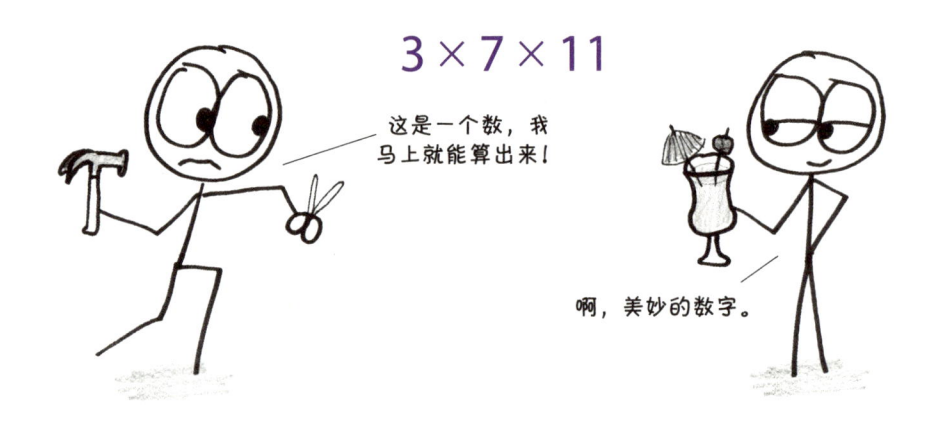

当我把本书的初稿拿给我的叔叔保罗看时，正是在这个地方他感到困惑。"不要指令，而是结构？"他说，"我不明白这是什么意思。对我来说，数学就是指令。"

我知道保罗不是唯一这样想的人。把"3×4"当作一个完全独立的事物，当作一个其同义词恰好是12的名词来理解，这确实让人很不适应。这种解读数学的方式（本书接下来的部分会详细探讨）曾有一个很贴切的名字叫"cossism"，它源自意大利语中的"cossa"一词，意思是"事物"。简而言之，就是纯物主义。

不过，我还是会沿用那个更为人熟知的名称：代数。

÷10
10^0 10^1 10^2 10^3
1 10 100 1,000
π ≈ 3.14
around
across
"857"
-(-(-(-1)))
≈ 6.28
y=mx+b
simple.
1/4 + 1/6 =
∀ε>0,
∃δ>0:
x−a|<δ→
f(x)−L|<ε
ax²
+++
THE FUZZY TRUTH
96°F
97°F
98.6°F
unreasonable rounding
CHOCODOLLAR
10×10
1/10×10×10
3.14
π
22/7
3.140 3.141 3.142 3.143
farther
closer
17 × whatever
1.414ish
PI DAY PARTY!
3/14
104398
899496
003894
5×3
multiplication
4/7
$10
2573
× 389
division by 1/2
17
34
division by 2
3 + −1.78
0 5 10 15 20 25 30 35 40 45 50
repeated addition
NOOOOOO
a ÷ b/c =
6
2
5^5
repeated exponentiation
5↑↑3
tetration
λ
$4^{7/2}$ = ???
x(x+x²)?
x²+x³!
conversation
blender
nightclub
thunder
50 60 70 80 90 100 110 120
×1000
x²=3x+10
8÷2(2+2)
8÷2(4)
8÷8
1
K=½mv²
If A<B and B<C
then A<C
DONUTS
x = −b ± √b² − 4ac / 2a
44.9° North
93.2° West
7 PIZZAS
10/6
ax² = bx + c
ax² + bx = c
ax² + c = bx
ax² = bx
ax² = c
bx = c
1/3 sleep deprivation,
2/3 game theory.
100%
95% to 99.9%
80% to 95%
60% to 80%
40% to 60%
20% to 40%
5% to 20%
0.1% to 5%
0%
AROUND ≈ 3 × ACROSS
OOOOH!
17/34
noisy
11
"1000"
1 −1 −(−1) −(−(−1))
5↑↑3 Wow!
30×20 30×7 8×20 8×7
600 + 210 + 160 + 56 = 1026
5+3
5×3
5^3
No! Silence your nonsense!
82,771
What is $\lim_{x\to 2} \frac{x^2-4}{x-2}$?
What's 46 + 28?
.2 .3 .4 .5 .6 .7 .8 .9 1
... calculating... calculating...
27

÷10
10^{-1} 10^0 10^1 10^2 10^3
0.1 1 10 100 1,000
π ≈ 3.14
around
across
"857"
$-(-(-(-1)))$
≈ 6.28
y=mx+b
$\frac{1}{4}+\frac{1}{6}=$
simple.
125
124
249
∀ε>0,
∃δ>0:
x−a|<δ→
f(x)−L|<ε
ax^2
+++
THE FUZZY TRUTH
96°F
97°F
98.6°F
unreasonable rounding
CHOCODOLLAR
3.14
π
22/
1/10×10×10
10×10
3.140
3.141
3.142
17 × whatever
1.414ish
.4104398
.5899496
0003894
PI DAY PARTY!
3/14
5×3
multiplication
$\frac{4}{7}$
$10
farther
closer
2573
× 389
3 + −1.78
division by 1/2
17
34
division by 2
0 5 10 15 20 25 30 35 40 45 50
repeated addition
NOOOOOO
5^{5^5} → 5↑↑3
repeated exponentiation
tetration
λ
$4^{7/2}$ = ???
6
2
$x(x+x^2)$?
x^2+x^3!
a ÷
conversation
blender
nightclub
thunder
40 50 60 70 80 90 100 110 120
×1000
8÷2(2+2)
8÷2(4)
8÷8
1
$x^2=3x+10$
$K=\frac{1}{2}mv^2$
If A<B and B<C
then A<C
$x=\frac{-b\pm\sqrt{b^2-}}{2a}$
DONUTS
7 PIZZAS
$\frac{10}{6}$
44.9° North
93.2° West
$ax^2=bx+c$
$ax^2+bx=c$
$ax^2+c=bx$
$ax^2=bx$
$ax^2=c$
$bx=c$
1/3 sleep deprivation,
2/3 game theory.
anteed 100%
certain 95% to 99.9%
likely 80% to 95%
able 60% to 80%
ybe 40% to 60%
sible 20% to 40%
kely 5% to 20%
mpossible 0.1% to 5%
ssible 0%
AROUND ≈ 3 × ACROSS
OOOOH!
$\frac{17}{34}$
noisy
11
"1000"
3
5
1 −1 −(−1) −(−(−1))
5↑↑3 Wow!
5^3
5×3
5+3
30×20 30×7 8×20 8×7
600 + 210 + 160 + 56 = 1026
No! Silence your nonsense!
82,771
What is $\lim_{x\to2}\frac{x^2-4}{x-2}$?
What's 46 + 28?
.1 .2 .3 .4 .5 .6 .7 .8 .9 1
see... calculating... calculating...
27

第三部分

语法

代数的句法规则

我很同情教语法的老师,他们所教的学科和我的一样,都受到了不公正的评价。学生们往往将其视为一种制度化的唠叨,旨在把年轻人自然的口语表达(比如"我朋友还有我……")规训得跟老年人的用语一样死板(比如"我和我的朋友……")。

在我看来,这几乎是本末倒置。

想一想混杂语。当说不同语言的人聚在一起,不得不进行交流时,混杂语就产生了。他们用各自的语言共同拼凑出一本实用的短语手册,即临时收集的一些常用表达方式。混杂语来自一种实际的需要,它不是任何人的母语。事实上,它也不算是一门完整的语言。

然后这些人有了孩子。孩子们特别擅长学习周围的语言——但如果周围没有真正意义上的语言呢?在这种情况下,孩子们会毫不费力地创造出奇迹:仅仅通过彼此之间的交谈,他们就能把混杂语发展成一个完整、复杂的语言体系。就像木偶匹诺曹变成了一个有血有肉的男孩那样,混杂语也由此获得了生命,变成了一种完整的语言,也就是人们所说的"克里奥尔语"[①]。

两者之间的区别——混杂语缺乏而克里奥尔语所具备的东西——在于语法。年轻人自然的口语并不与语法相悖,其本质就是语法。

简而言之,语法就是结构。正是这种结构赋予了零散的词汇以语言的生命。语法规则不同于礼仪规则,更像是化学定律,它解释了微小的原子(发音、词汇、后缀)是如何结合形成语言丰富多彩、取之不尽的内容的。

那么,数学的语法又是什么呢?

$$x = \frac{-b \pm \sqrt{b^2 - 4ac}}{2a}$$

实在抱歉,我不会说你的语言。

截至目前,这本书一直探讨的是算术。它的名词是数字,动词是运算,二者结合可以表达一些具体而实用的想法,比如 9 = 2 + 7。

但算术更像是一种混杂语,而不是一门真正的语言。为什么不同的运算有时会得出相同的结果?什么时候烦琐的计算可以简化?不准确的测量如何影响后续的计算?算术提出了这些问题,却无法回答它们(至少,无法以我们所学的算术形式来回答)。这种混杂语无法对自身进行阐释。

---

① 克里奥尔语(creole),一种"混合语",由混杂语演变而来。

但现在情况不同了。在本书的这一部分，这种混杂语发展成了克里奥尔语。算术的各种表达孕育出"代数"这门语言。

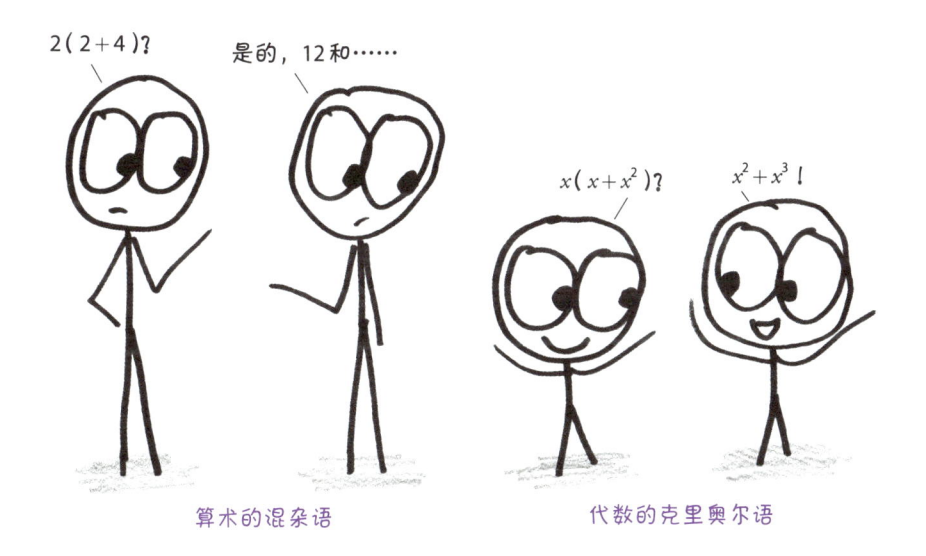

算术的混杂语　　　　　　代数的克里奥尔语

"代数"（algebra）一词源自阿拉伯语中的"al-jabr"（这个词的本义指的是破碎部分的重新聚合，就如同治愈骨折的骨头一样）。它作为一个比喻被应用到数学领域：就像外科医生将折断的骨头复位，代数学家将未知量的碎片重新组合起来。我们也可以从另一个角度来理解这个比喻：如果说算术是一堆零散的骨头碎片，那么代数所做的就是将它们融合成一个连贯的整体，为人类思维提供一条新的"肢体"。

符号

当我询问数学家们最喜欢的数学符号是什么时，他们往往会感到不悦。这样的反应可以理解：这个问题就像问音乐家最爱的音符是哪个，或者追问厨师偏爱的烤箱温度是多少摄氏度，完全没有触及他们艺术精髓的核心。但令人惊讶的是，当这些数学家终于愿意屈尊作答时，答案竟出奇地统一：

他们都钟爱求和符号"Σ"。

$$\sum_{k=1}^{50} \frac{1}{k^2}$$

"符号"（symbol）这个词源于古希腊语中的"symbolon"，它原本指的是动物的一块指关节骨，被一分为二后由两个人各持一半，就像那种上面刻着"永远的挚友"之类字样的心形小吊坠。同心骨能将你与远方的伙伴联系在一起，而符号能将你与一个遥远的概念联系在一起。它象征着一种遥远的抽象事物。

从这个角度来说，数学符号体系与英语字母体系并不完全相同。每个符号都代表一种概念。英语有26个字母，几十种发音。但符号有成千上万个，新的概念总在不断涌现，在我们试图捕捉这些新概念的过程中，符号的意义也在不断变化。

在数学领域，我们的符号体系包括：

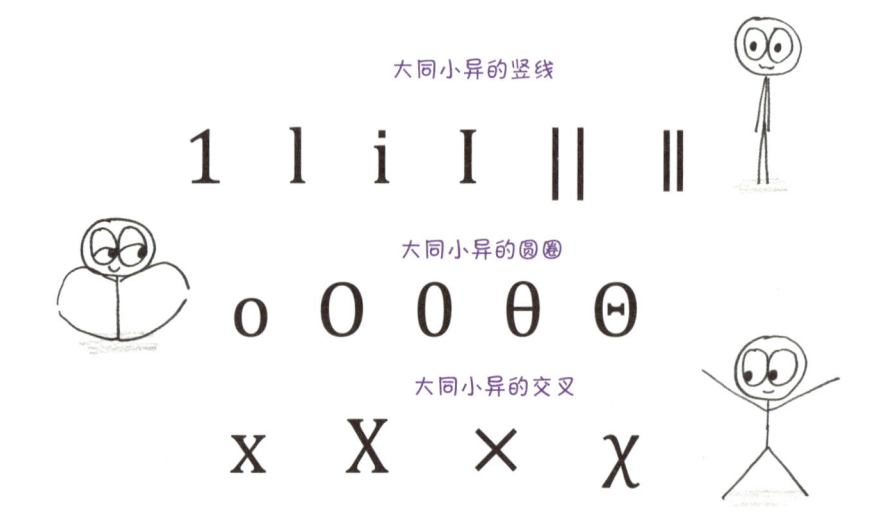

大同小异的竖线

1　l　i　I　∥　∥

大同小异的圆圈

o　O　O　θ　Θ

大同小异的交叉

x　X　×　χ

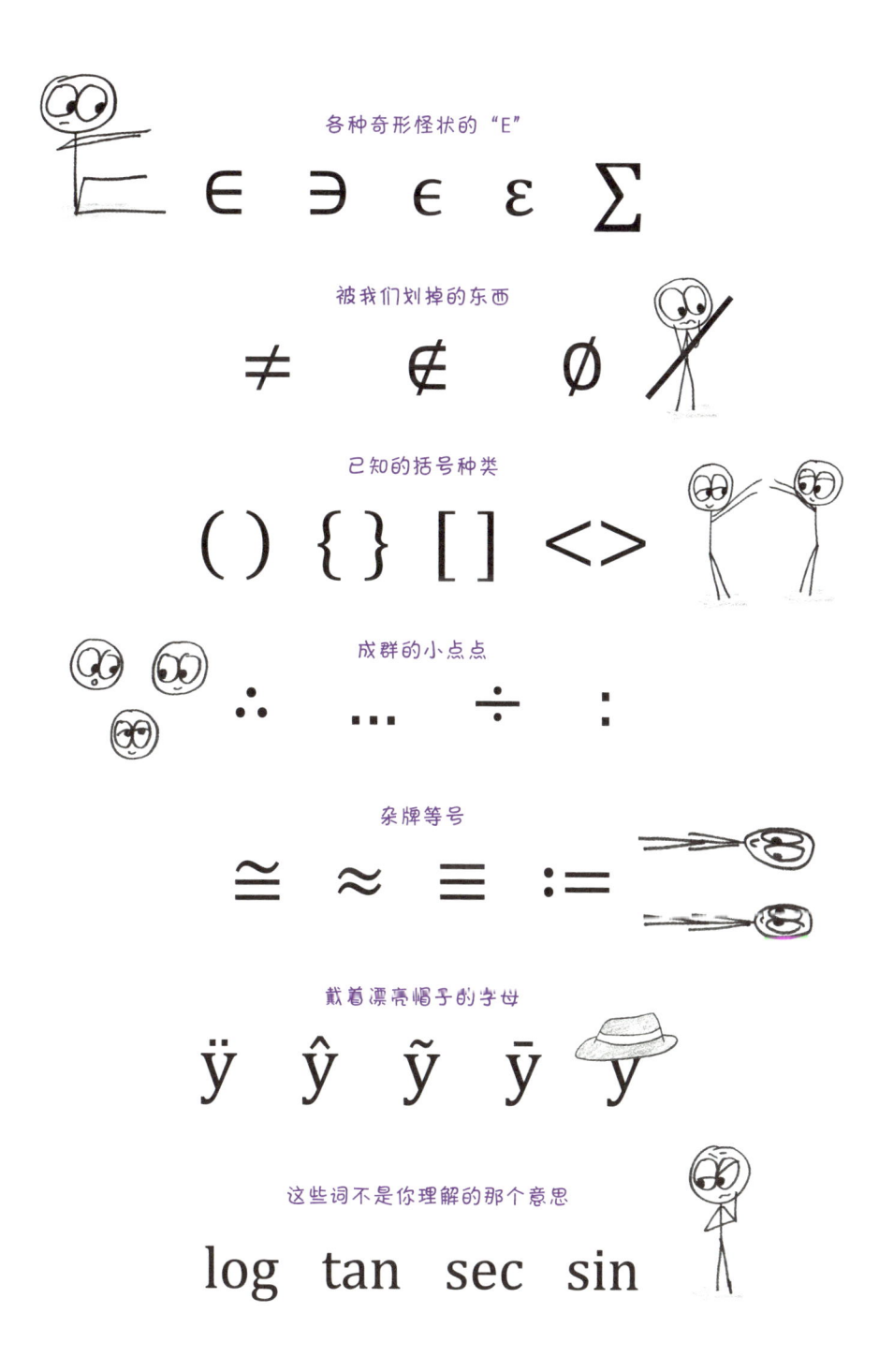

第三部分　语法：代数的句法规则　　137

各种奇形怪状的"E"

$\in \quad \ni \quad \exists \quad \varepsilon \quad \Sigma$

被我们划掉的东西

$\neq \quad \notin \quad \varnothing$

已知的括号种类

$(\ ) \quad \{\ \} \quad [\ ] \quad <>$

成群的小点点

$\therefore \quad \ldots \quad \div \quad :$

杂牌等号

$\cong \quad \approx \quad \equiv \quad :=$

戴着漂亮帽子的字母

$\ddot{y} \quad \hat{y} \quad \tilde{y} \quad \bar{y} \quad y$

这些词不是你理解的那个意思

log　tan　sec　sin

方向显然不对的图案

∀ ∞ ∃ ⊥

沙丘标志

⊃ ∪ ⊂

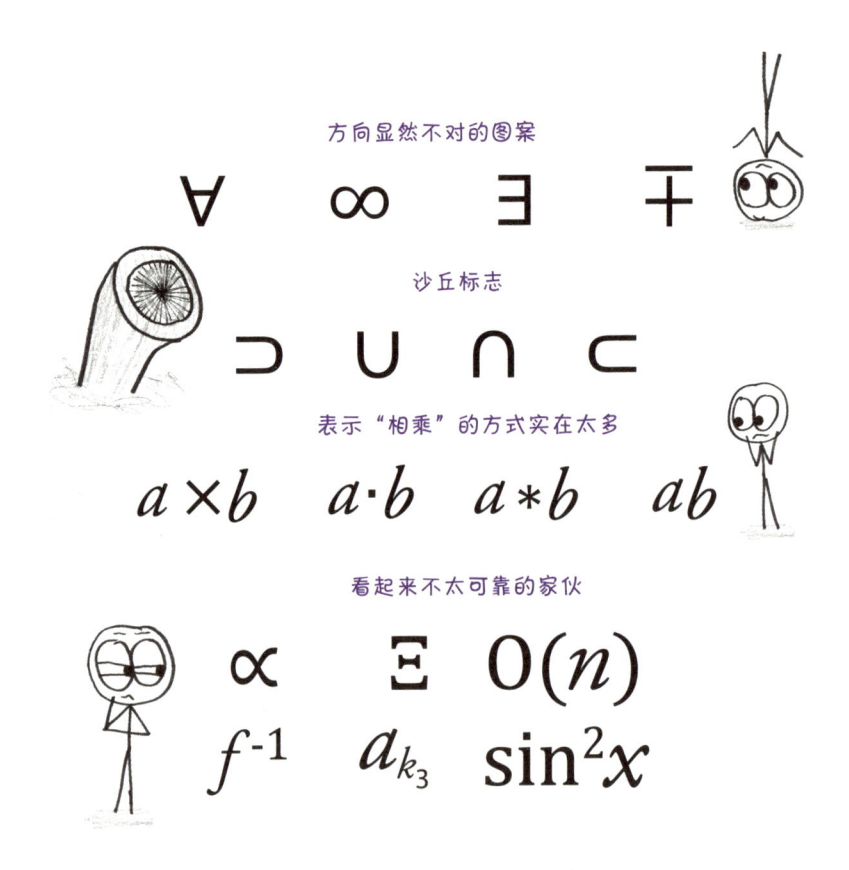

表示"相乘"的方式实在太多

$a \times b \quad a \cdot b \quad a * b \quad ab$

看起来不太可靠的家伙

$\propto \quad \Xi \quad O(n)$

$f^{-1} \quad a_{k_3} \quad \sin^2 x$

如果想一瞥数学字母表是如何运作的，不妨拆解一下下面这个复杂的式子：

$$\sum_{k=1}^{50} \frac{1}{k^2}$$

这个壮观的 Σ（大写的希腊字母，读作"西格玛"）代表"求和"。具体来说，它将位于其右侧的多个项（$\frac{1}{k^2}$）相加，得出一个总和。变量 k 的取值从 Σ 下方的数字开始（在这里，$k = 1$），然后每次递增 1（2，3，4…），直到达到 Σ 上方的那个数（这里是 50）。

如果不用上面这个式子来表示，而是直接写成普通的求和形式，则如下：

$$\frac{1}{1^2}+\frac{1}{2^2}+\frac{1}{3^2}+\frac{1}{4^2}+\frac{1}{5^2}+\frac{1}{6^2}+\frac{1}{7^2}+\frac{1}{8^2}+\frac{1}{9^2}+\frac{1}{10^2}+$$
$$\frac{1}{11^2}+\frac{1}{12^2}+\frac{1}{13^2}+\frac{1}{14^2}+\frac{1}{15^2}+\frac{1}{16^2}+\frac{1}{17^2}+\frac{1}{18^2}+\frac{1}{19^2}+\frac{1}{20^2}+$$
$$\frac{1}{21^2}+\frac{1}{22^2}+\frac{1}{23^2}+\frac{1}{24^2}+\frac{1}{25^2}+\frac{1}{26^2}+\frac{1}{27^2}+\frac{1}{28^2}+\frac{1}{29^2}+\frac{1}{30^2}+$$
$$\frac{1}{31^2}+\frac{1}{32^2}+\frac{1}{33^2}+\frac{1}{34^2}+\frac{1}{35^2}+\frac{1}{36^2}+\frac{1}{37^2}+\frac{1}{38^2}+\frac{1}{39^2}+\frac{1}{40^2}+$$
$$\frac{1}{41^2}+\frac{1}{42^2}+\frac{1}{43^2}+\frac{1}{44^2}+\frac{1}{45^2}+\frac{1}{46^2}+\frac{1}{47^2}+\frac{1}{48^2}+\frac{1}{49^2}+\frac{1}{50^2}$$

把它们全都加起来，大约等于1.625。如果你不愿意取整，那么其精确的总和等于：

$$\frac{3\,121\,579\,929\,551\,692\,678\,469\,635\,660\,835\,626\,209\,661\,709}{1\,920\,815\,367\,859\,463\,099\,600\,511\,526\,151\,929\,560\,192\,000}$$

是不是很惊人？

正如我们将在下一节中探讨的那样，变量 k 是简洁性的一大成功体现。虽然像4或7这样的数字有一个明确的含义，但变量 k 没有。在上面这个式子中，它可以在一瞬间呈现出50种含义（1，2，3…以此类推）。这种浓缩真是妙不可言。

与此同时，符号 Σ 实现了另一种形式的浓缩。k 代表了50个简单的概念，而 Σ 表达的是一个复杂的概念：将这些项相加得出一个总和。这样的浓缩在数学中很常见，几个奇特的符号，如 $SL_n(k)$ 或者 $O(n^3)$，就能概括一个极其复杂的概念，需要我们花费本科好几年的时间才能理解。这就好像一个音符就表达了贝多芬的《第九交响曲》的全部内涵，或者一个字母概括了《理性与情感》的全部内容。

不管怎样，Σ 和 k 这两个符号的组合产生了非同一般的效果。寥寥9个符号包含着50个项，这就像是一辆数学版的小丑车，将数十个小丑塞进一个几乎不比"数十个小丑"这几个字大多少的空间里。更令人惊叹的是，我们只需改变 Σ 上方的数字，就可以轻松地将其变成50 000个小丑，甚至500亿个。

对一个复杂概念的精辟提炼

一个拥有50个数字力量的单一数字

  我的一位同事曾沮丧地问我，为什么她的学生不愿意看数学课本。她的专业背景是生物学，在那门学科里，如果想获取知识，课本（尽管知识点密集且难以理解）是不可取代的学习资源。现在她在教代数，对学生从课本中无法汲取一丁点儿知识的情况，她渐渐失去了耐心。"为什么他们非要别人把知识喂到嘴边才肯学呢？"她问我。

  我不得不承认，我也不太擅长阅读数学课本。作为一个拥有心理学和数学双学位的人，我读一篇10页的心理学论文可能需要20～30分钟，而看一篇10页的数学论文则要好几天，甚至几十年的时间。

  问题的症结不在于读者的理解能力差，而在于那些符号的密集程度。

  要学习英语，你需要从ABC开始学起。但在数学领域，这根本行不通，你是在学习的过程中逐步掌握数学符号的。其结果是，学习这门语言的过程极其缓慢——但也美得超凡脱俗。仔细探究后，你就会发现，一个看似不起眼的 k 或者 Σ 竟是珍贵的"传家宝"，将无数充满意义的内容浓缩在一个小小的符号里。

  这也是数学家们可能很难选出自己最爱哪个符号的另一个原因：当每个符号都承载着重大意义时，你很难不把它们都当作心头好。

变量

让我猜猜：数学失去你的那一刻是"当字母介入的时候"。

或许这并不完全适用于你。也许你是《量子杂志》(*Quanta Magazine*)的普利策奖得主娜塔莉·沃利奇欧芙[①]。(若是如此，请容许我在这里打断一下，娜塔莉，我非常喜欢你的作品！) 不过，不管有没有获得普利策奖，我敢打赌，你肯定听过那句经久不衰的哀叹："我对数字还行，但就是搞不定字母。"我听过无数个版本类似的抱怨——如果允许我用字母来计数，我听过 n 次这种话。

那么，n 是什么意思呢？同理还有 x、y、m、q，以及它们的"希腊表亲" θ、ε、μ 等。用一个词来概括的话，这些字母都是变量。它们会变化，在不同的数学情境中代表不同的数值。

我的建议是，把它们当作数学中的代词。在英语中，代词无处不在，但我指的是一种特定的用法，即作为人称占位符的代词。例如，代替说"本是个讨厌鬼"，你可以说"他是个讨厌鬼"。代词"他"取代了名词"本"。像"他""她"和"他们"这样的代词让我们能够在不提及名字的情况下指代某些讨厌鬼——事实上，你甚至不必知道他们的名字。

同样，在数学中，变量使我们能够指代未命名或者未知的数字。"$3 + x$"是"比另一个数大 3"的简略表达。你可能会说："比她大 3 岁。"

$$3 + (-1.78) \quad 3 +$$

别管我，我只是占个位置。

[①] 娜塔莉·沃利奇欧芙 (Natalie Wolchover)，科普作家和记者，在科学写作领域有着显著的成就。2022 年，她因报道詹姆斯·韦布空间望远镜的工作而获得普利策奖。

和代词一样，变量通常指的是某个特定的个体。如果我问你刚才是不是有一条唱着歌的美人鱼从这里经过，你可能会回答："是的，她朝那边游去了。"这里的"她"是某个特定的人，而你恰好不知道她的名字（尽管爱丽儿是个合理的猜测[①]）。同样，如果我们说"$3 + x = 5$"，那么 x 就指代某个尚未被我们点明的具体数字（尽管你心里或许已经有了答案）。

不过，变量更强大的作用在于，它们赋予了我们泛指的能力。单个变量可以同时指代多个数值。

在英语中，我们一般通过复数形式来实现泛指，比如"Cows eat grass"（牛吃草）、"Nations need wise leaders"（国家需要英明的领袖）、"Follow-up albums are rarely as good as debuts"（续作专辑往往很难超越首张专辑）。但数学语言里没有复数形式，我们只能使用单数形式。

单数代词也能起到类似的作用。例如，为了防止我认识的那些蹒跚学步的小朋友做出危险行为，我可以列一个具体的禁令清单：凯西不准拿着剪刀跑，洛尼亚不准拿着剪刀跑，瑞翰不准拿着剪刀跑……但更简单且更全面的方式是制定一条通用规则，即谁也不准拿着剪刀跑。这里的"谁"就是一个代词，一个通用的占位符，同时指代凯西、洛尼亚、瑞翰、瑞秋、哈南以及其他所有可爱的小家伙。

数学规则也是如此。我可以说"1张比萨够3个人吃""2张比萨够6个人吃""3张比萨够9个人吃""10亿张比萨够30亿人吃"，以此类推。但这个清单永远没有尽头。更简洁的表述是，"任意数量的比萨够3倍于此数量的人吃"，而更精妙的表述当数"p 张比萨够 $3p$ 个人吃"。

这个变量 p 堪称凝练之美的典范，将无限多条陈述浓缩为一句话。

[①] 源于迪士尼动画电影《小美人鱼》。迪士尼公司在改编安徒生的童话《海的女儿》时，给小美人鱼取了"爱丽儿"这个名字。

1张比萨够3个人吃

2张比萨够6个人吃

3张比萨够9个人吃

p张比萨够3p个人吃

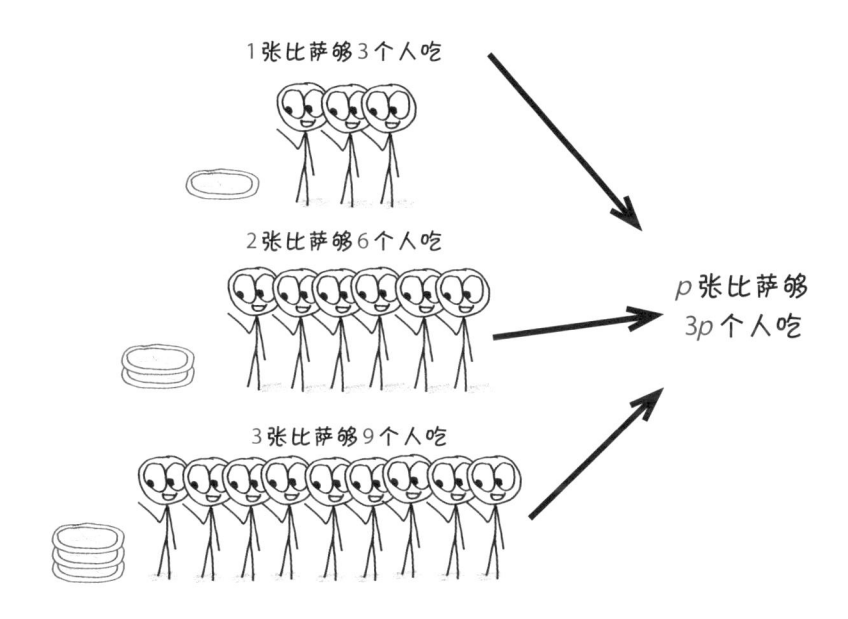

英语代词存在指代不明的风险。例如，在"He told him his password"（他告诉了他他的密码）这个句子中，我们谈论的是谁的密码？那个告知密码的人和听到密码的人共用同一个代词（he/him，均为他），所以"他的"密码可能指代这两个人中的任意一个。这里的先行词，也就是代词所指的那个人，是不明确的。

我们可以想象，数学中也会出现同样的混淆情况。"一个数等于另一个数加上它的平方。"这里所说的是谁的平方呢，是前面那个数还是后面那个？要避免这个问题，我们可以给每个数指定一个独有的变量。这是一种灵活的语言，每个数都有自己的专属代词。"一个数"用 x 表示，"另一个数"用 y 表示，而完整的方程要么是 $x = y + x^2$，要么是 $x = y + y^2$，具体取决于我们想表达的是哪个数的平方。

代词的这种多重性带来的问题是，对于任意给定数字，该选择哪一个代词。答案（与英语中的规则不同）是，你说了算。你可以随心所欲地给数字分配任意心仪的代词。

例如，我在前文中说"p 张比萨够 $3p$ 个人吃"。为什么是 p？没有什么深奥的原因，纯粹因为"pizza"（比萨）一词的首字母是 p。变量字母只是占位符，它本身没有任何含义。我同样可以说，"x 张比萨够 $3x$ 个人吃"，或者"β 张比萨够 3β 个人吃"，抑或"⌬ 张比萨够 3⌬ 个人吃"。这些表述传达的是同一个意思。

我教过一个初中班级，学生们的书写糟糕得一塌糊涂，他们连自己写的字都认不出来：把字母 b 误认成数字 6，g 错看成 9，t 错看成"+"号。绝望之下，有些学生干脆把所有变量都换成 x 和 y，因为这是他们唯一能清晰辨识的符号。这样的替换十分有效，就是有点不太符合常规。这就像有人说，"这个故事的主角是两个虚构人物，爱丽丝和鲍勃"，可你非要说"不，我要叫他们埃克斯丽丝和约伯"。别人当然能听懂你的意思，只是这会给交流带来一些不便。

变量宝宝起名大全

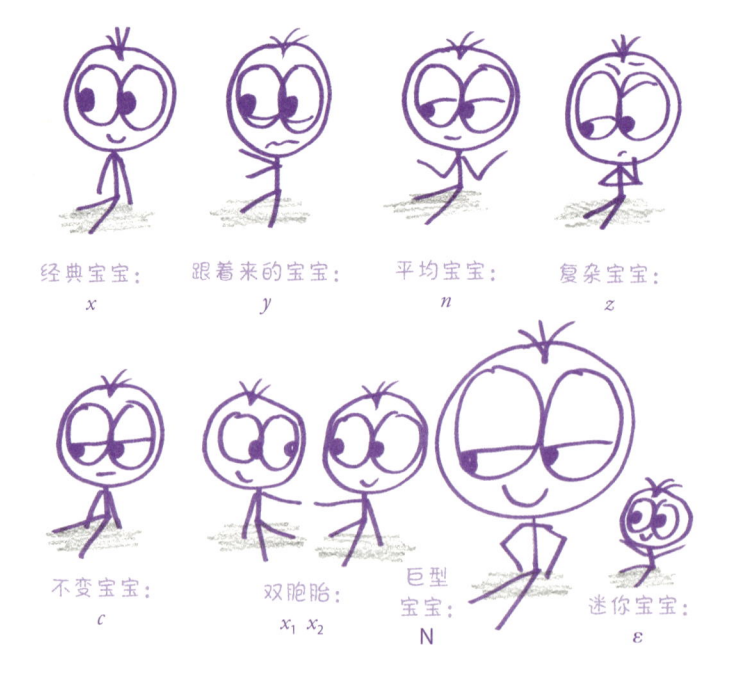

经典宝宝：x　　跟着来的宝宝：y　　平均宝宝：n　　复杂宝宝：z

不变宝宝：c　　双胞胎：x_1 x_2　　巨型宝宝：N　　迷你宝宝：ε

变量是交流的工具。这就是为什么数学家们养成了选择变量名的共同习惯。这些通用的惯例有助于帮助我们构建共同的知识体系。

没人强迫你必须遵循这些习惯。如果你愿意，你可以把一个大数字命名为 ε，一个小数字命名为 N。但这就像给一家地板公司命名为"吉莉安"，给一个宝宝起名叫"地板解决方案有限公司"，完全可行，只是会令人困惑。

我理解为什么有人会觉得这些字母令人不安。但没有变量的数学就像没有代词的英语。试想一下：我可以把这本书献给娜塔莉·沃利奇欧芙，或者创作型歌手乔许·瑞特[①]，抑或其他什么人……但永远不可能是你。（当然，除非你恰好就是乔许·瑞特本人。如果是这样的话，嘿，哥们儿，我超喜欢你的音乐！）

表达式

上学时，我完全看不懂欧内斯特·海明威的作品。简练的文风、晦涩的内容、时不时冒出的西班牙语——这一切都让我感到困惑（尽管我真的会说西班牙语）。当我跟朋友麦克提起这段痛苦的经历时，他点头表示赞同。"有人告诉我，要想读懂海明威，"他说，"你需要经历过三件事：喝得烂醉如泥、跟人肉搏，以及坠入爱河。"

我不能百分之百确定他说得都对，但麦克想表达的大概意思是正确的。要读懂文学作品，你需要先经历一些事。在反思生活之前，你必须先生活过。

那么，如果想读懂 $4n + 2$，我们需要先体验或者经历些什么呢？

[①] 乔许·瑞特（Josh Ritter），美国创作歌手、吉他手和作家。

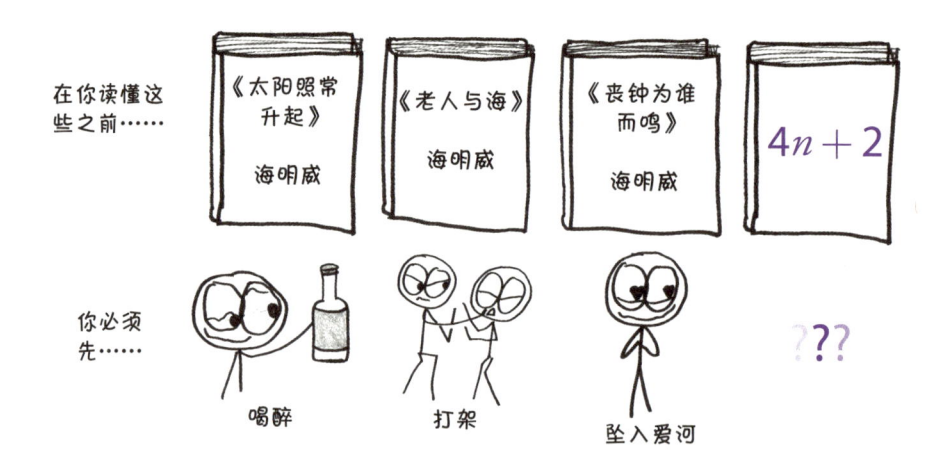

英语中的"expression"常指大家耳熟能详的习语，比如"塞翁失马，焉知非福""有得必有失"。这两个恰好是完整的句子，还有一些习语只是短语，扮演着名词的语法角色，比如"一场完美风暴""因祸得福"，或者"最后一根稻草"。正是这类短语，为我们理解代数表达式指明了方向。

数学中的"expression"指的是表达式，即用一个数来描述另一个数。这就像说"某人最爱的歌手"或者"被某人抛弃的脊椎按摩师"。例如，$x+3$指的是一个恰巧比另一个数大3的数。与此类似，$5x$也是一个数字，它是另一个数的5倍。就像海明威的作品一样，阅读这些简短的表达式非常容易，真正理解它们却很难。

我第一次教代数是在英国的西米德兰兹郡，教的是11岁的孩子。我们最初的任务之一是探索数列，就像下面这样的一个数列：

我们的目标是找到一种方法，能够计算出这个数列中的任意一项——无论是第 7 项、第 7 000 项，还是第 7 000 000 项——然后把这个方法提炼成一个简洁的表达式。创建这样一个表达式，就是将一个过程固化为一个对象，将"如何做"转变为"是什么"。

我给自己做好了心理建设，准备面对一节漫长而艰难的代数课。然而，让我惊讶的是，有几个男孩齐声喊道："我知道该怎么做！"并迅速写下：

$$4n+2$$

他们是怎么得出这个表达式的？"第一步，先用第二个数减第一个数，"一个男孩激动地解释道，"得到 4，把它放在 n 的旁边。第二步，从第一个数里减去 4，得到 2。最后，将这两步的结果相加。"其他孩子猛点头表示赞同。

等等，这串复杂的代数表达式和最开始那串数字有什么关系？n 代表的是什么？面对这些疑问，他们只是眨了眨眼睛。对他们来说，任务已经完成，而我提的这些问题，就像是在问他们："现在几点了？"或者"世界上真有好人吗？"

在我看来，他们对代数的理解并不比我对海明威作品的理解强多少。所以在接下来的几周里，我想了一套讲解流程来解释如何得出"$4n + 2$"。

首先，我们一起观察下面这个数列，并把各项列举出来：

为什么叫"项"？

如果你喜欢，也可以叫它"东西"。

第1项	第2项	第3项	第4项	第5项
6	10	14	18	22

我会问他们每一步具体发生了什么。大多数学生都能看出，这是一个不断重复加4的运算过程。

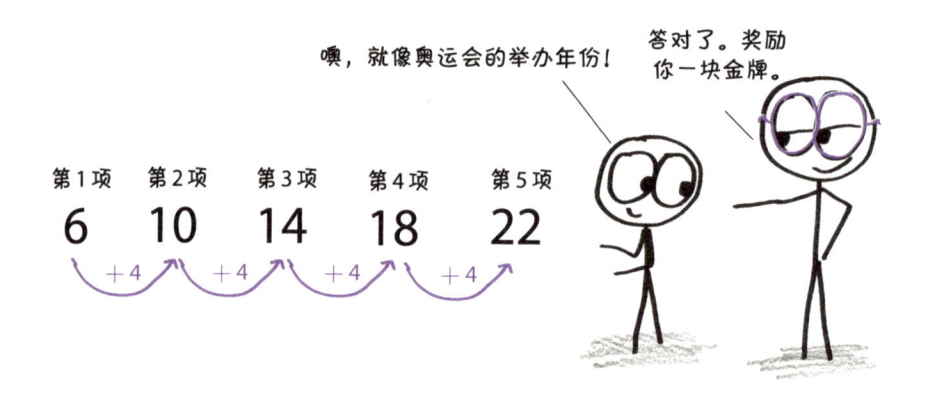

噢，就像奥运会的举办年份！

答对了。奖励你一块金牌。

第1项	第2项	第3项	第4项	第5项
6	10	14	18	22

+4 +4 +4 +4

这让我们可以像下面这样重写这个数列：

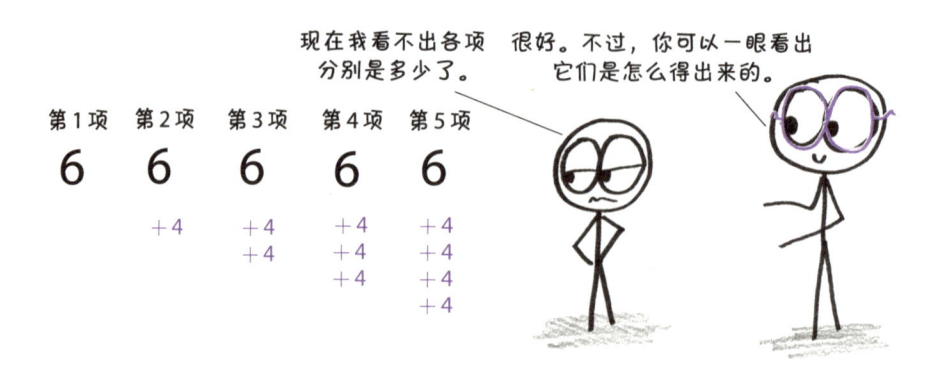

现在我看不出各项分别是多少了。

很好。不过，你可以一眼看出它们是怎么得出来的。

第1项	第2项	第3项	第4项	第5项
6	6	6	6	6
	+4	+4	+4	+4
		+4	+4	+4
			+4	+4
				+4

这已经做得很不错了——但如果把第1项写成4与某个数之和，第2项写成2个4与某数之和，第3项写成3个4与某数之和，以此类推，不是更好吗（我引导性地问道）？

或许出于礼貌，学生们表示赞同，于是我从第1项（6）开始提出一个凭空创造出来的数字4：

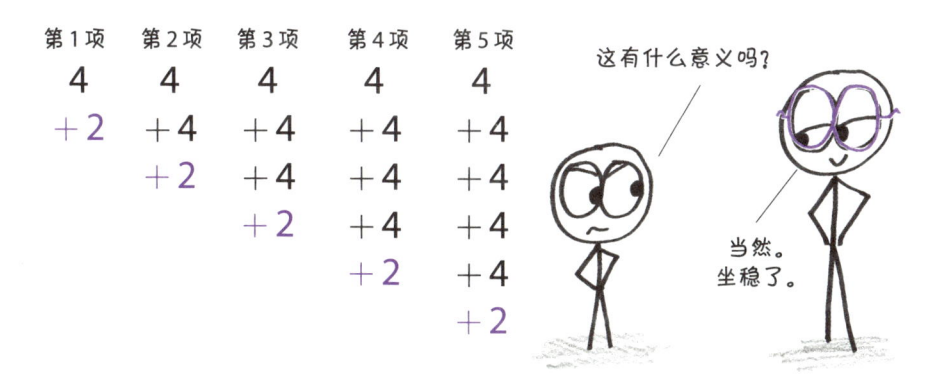

第1项	第2项	第3项	第4项	第5项
4	4	4	4	4
+2	+4	+4	+4	+4
	+2	+4	+4	+4
		+2	+4	+4
			+2	+4
				+2

这有什么意义吗？

当然。坐稳了。

这一切只是前奏，好戏在后头。接下来，我会开始吟唱一首没有旋律的数字之歌。

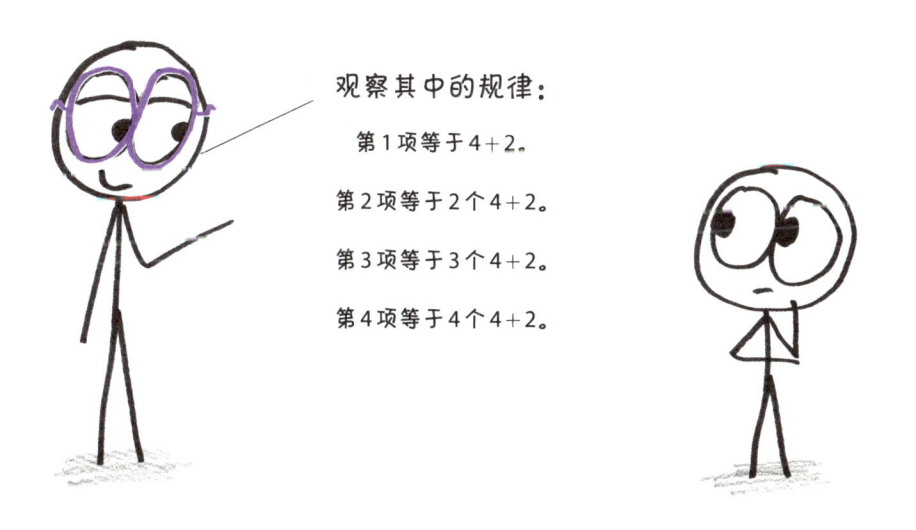

观察其中的规律：

第1项等于4+2。

第2项等于2个4+2。

第3项等于3个4+2。

第4项等于4个4+2。

讲到这里，有些学生已经看懂了其中的规律。但对大多数人来说，他们还需要更多的例子，更多的生活经验。慢慢地，这就变成了一个游戏：

我随便说一个项，然后他们算出它的值。

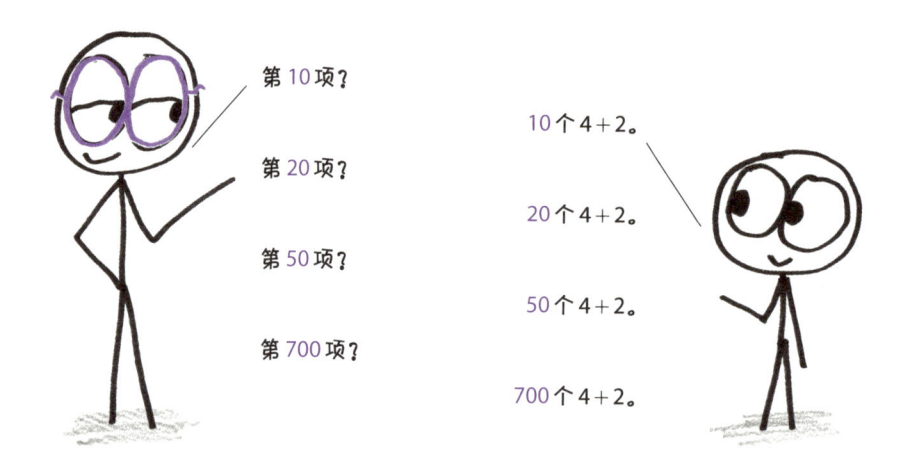

第 10 项？　　　　10 个 4 + 2。

第 20 项？　　　　20 个 4 + 2。

第 50 项？　　　　50 个 4 + 2。

第 700 项？　　　700 个 4 + 2。

先别管具体结果是什么（它们分别是 42、82、202 和 2 802）。规律逐渐清晰起来。这个数列的外壳就像土块一样纷纷剥落，显露出里面闪闪发光的内核。继续往前推导……

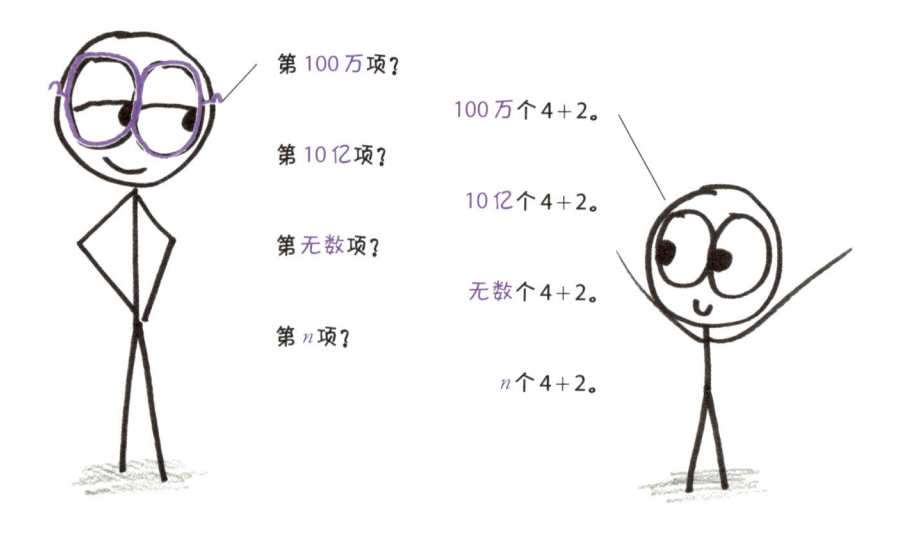

第 100 万项？　　100 万个 4 + 2。

第 10 亿项？　　　10 亿个 4 + 2。

第无数项？　　　　无数个 4 + 2。

第 n 项？　　　　n 个 4 + 2。

然后它就出现了，如同一颗新生的恒星从岩石和尘埃的旋涡中诞生。第 n 项：n 个 4 加 2。如果你愿意，可以将其写成 $4n + 2$。这个由 4 个符号组成的简短表达式，编码着计算该数列任意项的方法：无论是第 7 项、第

7 000项，还是第7 000 000项。这个表达式熟知数列中所有的项，无论数列延伸到多么遥远的尽头。代数的这块金牌讲述的是一个没有尽头的故事。

这就是代数的飞跃：我们不再局限于对特定数字进行运算。现在，我们用通用的数字来描述那些运算过程。正如凯伦·奥尔森所说的那样，这样的数学是"脱离数字本身的第一步，将关注点转向数字的动态变化，从死板的名词转向连接所有名词的自由灵活的动词"。

一个无穷长的数列被浓缩成一个简短的表达式，它像恒星发射光子一样不断衍生出数列中的各项。

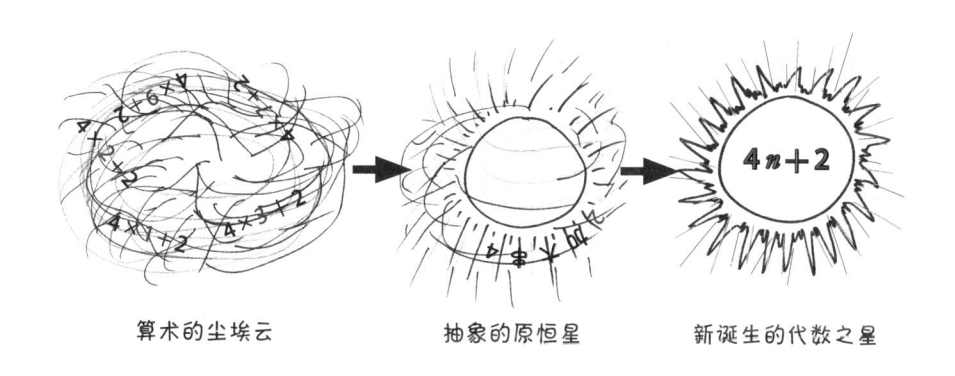

算术的尘埃云　　　　抽象的原恒星　　　　新诞生的代数之星

截至目前，我还是没摸索出能够将这些内容转化为适合全班学生的授课方法。学习的节奏因人而异，不可预测。因此，我只能一遍又一遍地重复这套流程，每次针对一名学生。有时举十几个例子，有时要举几十个，还有时只要三四个例子就够了。孩子什么时候才会对数学突然"开窍"，某个运算过程（先乘4，再加2）会在哪一刻突然就凝结成了一个数学表达式（$4n+2$），这里面没有什么放之四海而皆准的经验。作为学习者，我们每个人都是独立的个体，这既令人抓狂，又美妙无比。也许你在15岁时就读懂了海明威的作品，而我可能要到75岁，在一次酒后斗殴后才能读懂《永别了，武器！》。

等式

从圣保罗慢跑到明尼阿波利斯的途中,我有时会看到一群示威者:几个60多岁的老人在密西西比河上方一座喧闹的大桥上表明他们的立场,他们戴着手套,双手高举一组抗议标语,宣称他们致力于……我不太确定他们的诉求是什么。虽然上面的字迹清晰可辨,但其含义很模糊。我唯一可以肯定的是,他们似乎对战争持怀疑态度。

尽管如此,我还是向他们致以敬意。因为我也对战争持怀疑态度,而且我很欣赏其中一块标语牌上所装饰的那个抽象符号。

在英语中,句子有3种基本类型:陈述句用来陈述事实(如"天空是蓝色的"),疑问句用来提出问题(如"天空是蓝色的吗"),祈使句则表示命令(如"去把天空涂成蓝色")。至于数学,学生往往会将其视为一门以疑问句(如"这块面积有多大")和祈使句(如"解这个方程")为主的语言,几乎看不到陈述句。

但事实恰恰相反。每个等式都是陈述句,表明两个事物相等。等号不

第三部分 语法：代数的句法规则　　153

是感叹号（计算！），也不是问号（它等于什么？），而是一个一般现在时的动词。

符号"＝"是"等于"的简写形式。

因此，数学的语法有点重复。如果把一页等式翻译成英语，你就会看到一连串单调乏味的赘述："A等于B。与此同时，C等于D。此外，E等于F……"但在以数学为母语的人眼里，这种重复并不是糟糕的表达，它简洁而高效。由于这些句子都遵循相同的句式，我们的大脑就可以自由地专注于它们丰富多样的内容。

那么，这些内容究竟是什么意思？等式表达的是什么？

坦白地说，有些等式（就像一些陈述句）确实平淡无奇。它们在数学中就如同"我已经吃过午饭了"或者"我的哥哥叫弗雷德里克"这类话语。

> 你还有什么话想对我们的观众说吗？
>
> 有！$9 = 7 + 2$。
>
> 我既不能否认你说得对，也没法假装它很有趣。

还有一些等式是厚颜无耻的谎言。例如，$x = x - 1$，由于任何一个数都不可能比它自身小1，所以这个等式绝对不可能成立。

[所以你的年龄是……比你的年龄小1岁？]

[是的。我看上去比我的实际年龄要年轻得多。]

$$x = x - 1$$

还有一些等式是有条件的：对变量的某些取值来说是成立的，但对于其他取值则不成立。它们暗指某些特定但未指明的数字，就像代数界的小道消息。等式"$7 + x = 11$"告诉我们，7和某个数相加等于11。这就像在说"我看到有人搂着你的表姐"或者"似乎有人吃了最后一个肉桂卷"。

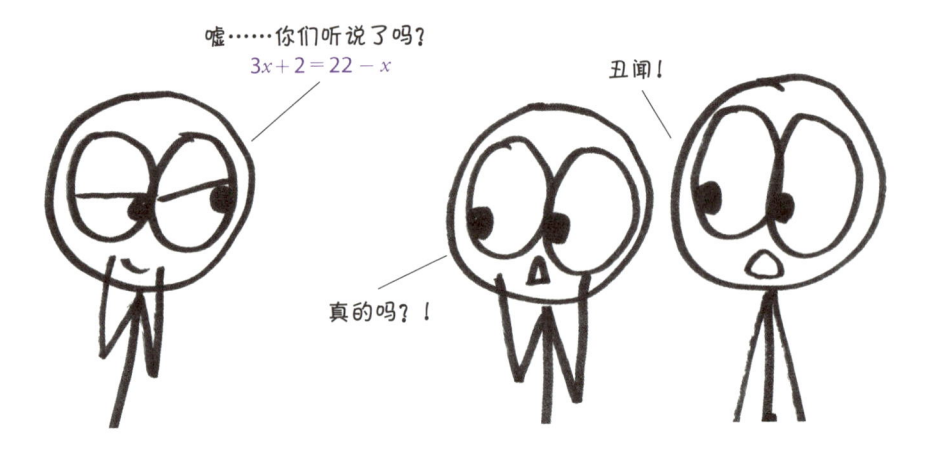

[嘘……你们听说了吗？ $3x + 2 = 22 - x$]

[丑闻！]

[真的吗？！]

还有些等式对所有值都成立，我们称为"恒等式"，它们本质上是些陈词滥调：宽泛的一般性表述，数字层面的老生常谈。从某种意义上说，这使它们不具备任何信息。但另一方面，正如那句老话所说："永远不要低估陈词滥调的力量。"

$$2x + 3x = 5x$$

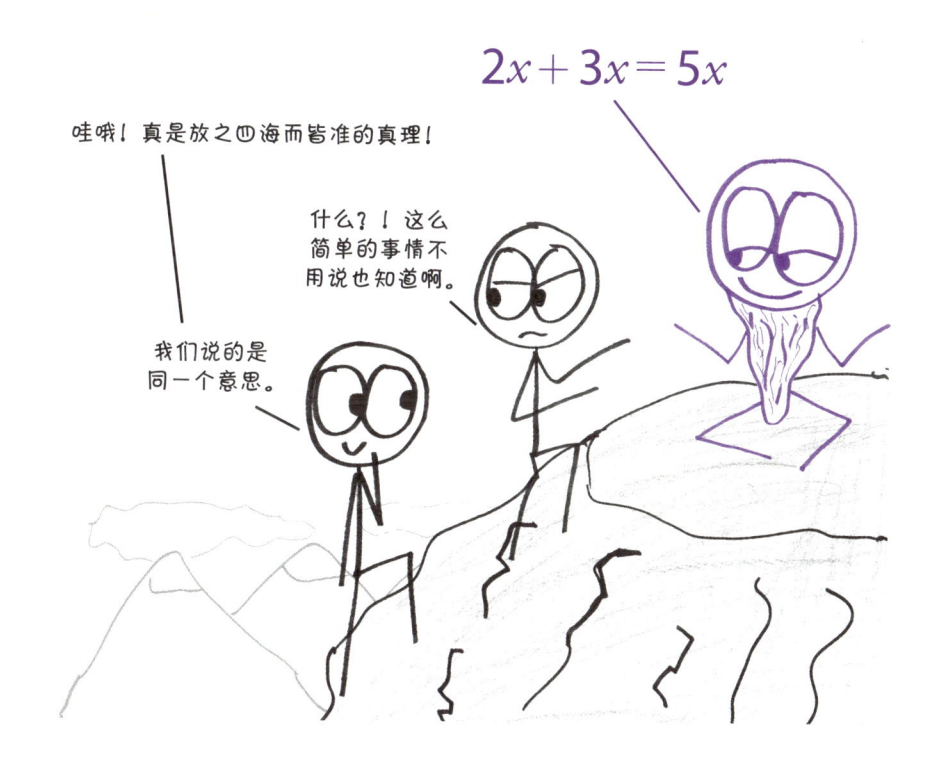

哇哦！真是放之四海而皆准的真理！

什么？！这么简单的事情不用说也知道啊。

我们说的是同一个意思。

现在我们已经给等式分好类，可以结束这堂课，慢跑回家了（等等，还有一个"咚咚！"问题待解决）。

思考一下，这个不完整的表达式：7 + 2 = ＿ + 3。

横线上应该填什么？如果把这个等式当作一个句子，它可以翻译为 "7 + 2 等于 ＿ + 3"。这很简单，因为等号左边等于 9，所以空格里应该是 6。

但学生们经常写一些别的数。

$$7 + 2 = 9 + 3$$

现在这个等式变成了"9 = 12"。这可不是我听过的正确表述。显然，这些学生并没把等式当作一种陈述句来理解。对他们来说，等号不是一个动词，而是一种引出答案的前奏鼓点，一种数学意义上的"咚咚！"。

这是前代数思维的典型特征：不把等式看作一个陈述句，而是某种动作。"7 + 2 = "这个词组会自动引出答案9，就好像我们在脑子里按计算器一样。

不只是孩子们会这样，很多人即便成年后仍延续着这种"咚咚！"的思维惯性，在他们看来，代数不是一系列陈述，而是一系列难以理解的指令。如果"8 − 5 = "是让我做减法运算，那么"$2x = x^2$"是让我做什么？用力吸气？尖叫？主修文科？

事实上，$2x = x^2$并没有要求你做任何事情。作为一个条件等式，它是在告诉你一则有趣的传闻："某个数的2倍等于它的平方。"类似于有人跟你说，"某人的牙医也是他的情人"或者"某人的动物医生也是他的死敌"。

当然，对传闻中的主角是谁感到好奇是很自然的事。实际上，代数的很大一部分内容是通过从条件等式中提取信息，来识别那个神秘数字的技巧。这个过程很像侦探小说里的解谜，所以它也被恰当地称为"解"方程。

但要记住，等式本身并不会要求你动手。它仅仅是一个事实陈述。

桥上的抗议者似乎深知这一点。他们在这两座双子城之间的半道上高举起写有双重概念的标语牌。而从旁边经过的步伐沉重的愚蠢慢跑者，却将他们的标语误解成了一个指示、一项命令或行动的号召。桥上的抗议者明白，"人人平等"只不过是一个直白的真理陈述。

不等式

15岁时，一个朋友告诉了我"减半再加七法则"：你可以考虑约会的最年轻的对象的年龄应该是你年龄的一半再加7。我立刻在脑子里预设不同的年龄，计算结果，然后衡量这些结果是否符合我自己的直觉——我的直觉可是绝对权威可靠的，丝毫没有受到实际约会经验的影响。

例如，一个20岁的人可以和一个17岁的人约会，但不能和16岁的人约会。这似乎是合理的。

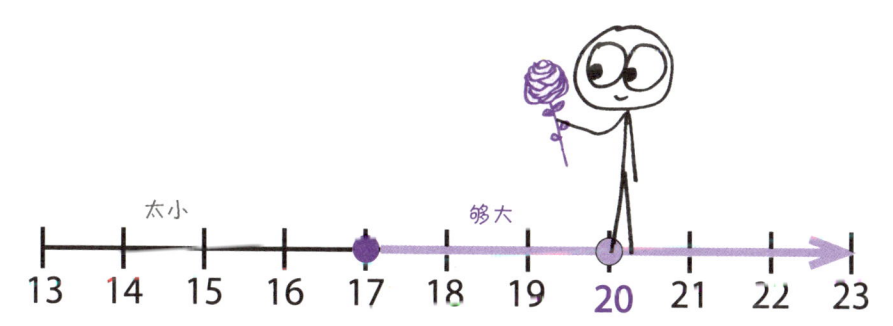

与此同时，26岁的人可以和20岁的人约会，但19岁的不行。这也合理。

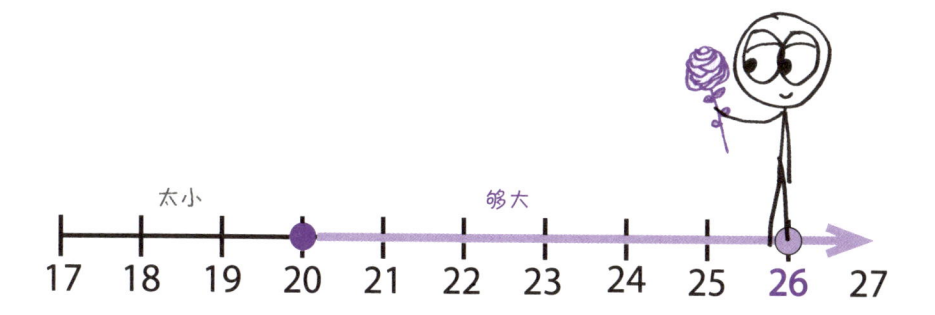

同样，40岁的人可以和27岁的人约会，但26岁的不行。没有争议。

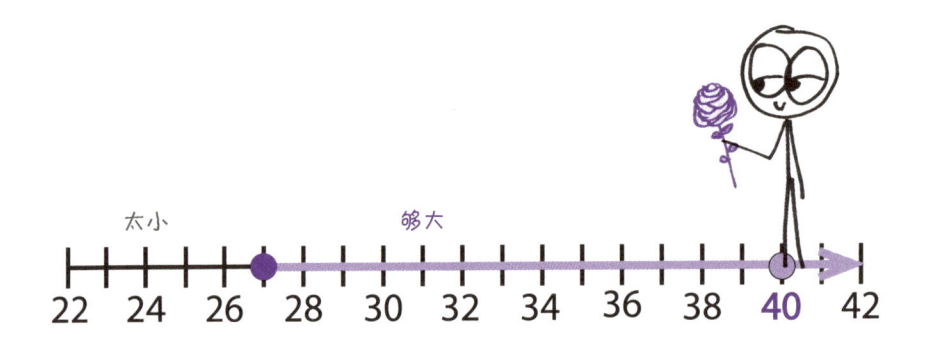

太小　　　　够大

22　24　26　28　30　32　34　36　38　40　42

如果你没满14岁，那么你可以约会的对象……根本没有。按照这个规则，你需要找一个比你年长的约会对象，但站在对方的角度看，你的年龄又太小了，违反规则。也许这就是我喜欢"减半再加七法则"的原因：根据它的逻辑，14岁以上的人才能约会。这里需要声明一点：我不是晚熟，我只是守规矩。

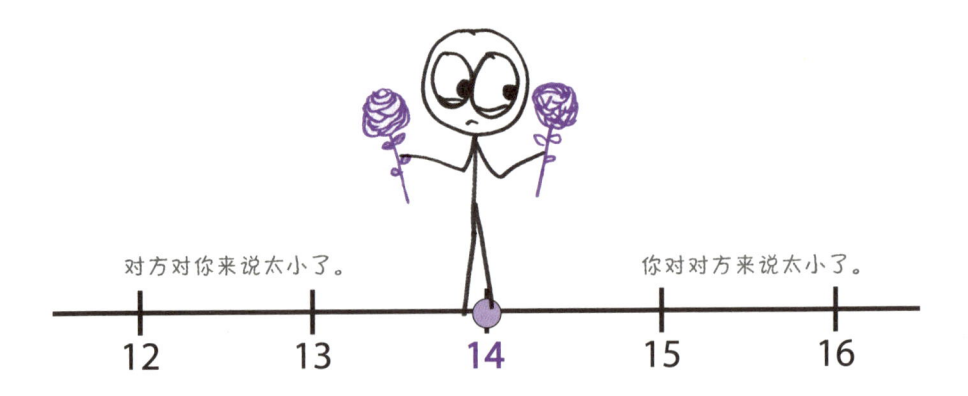

对方对你来说太小了。　　　　你对对方来说太小了。

12　13　14　15　16

"减半再加七法则"是一个不等式。等式表明两个事物相等，而不等式表明一个事物比另一个事物大（或小）。只要我们提到"更多""更少""至少"或者"最多"，其中涉及的就是不等式。它们在统计学、工程学等领域十分常见。不等式是一种关乎限制、约束和容错的语言。

所有等式都使用同一个动词，而不等式有4个动词。首先是">"（大于），如 $x > 4$，意味着 x 比 4 大。它可能只比 4 大一点点（哪怕是 4.000 1），但绝不可能是 4。

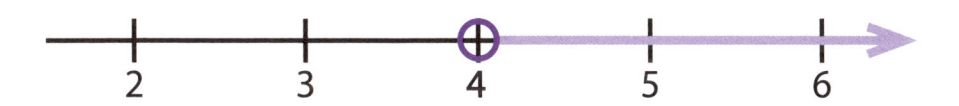

其次是"$\geq$"（大于或等于），如 $x \geq 4$，意味着 x 至少是 4。我们通常认为这里的下划线是半个等号的意思。

第三个是"$<$"（小于），如 $x < 4$，意味着 x 比 4 小。其中包括 3.999 9，但不包括 4。

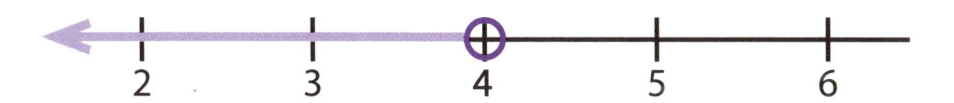

最后一个是"$\leq$"（小于或等于），如 $x \leq 4$，意味着 x 最大不能超过 4。

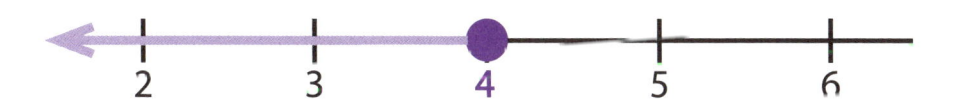

不等式往往比等式更具包容性，因为它们允许存在多个可能的取值。等式 $x = 4$ 明确指出了一个具体的数字，而不等式 $x > 4$ 有无数种可能性，从 4.3（及更小的数）到 4.3 万亿（及更大的数）。这样的自由度可能会让人感觉很累。等式就像一个非要吃某家餐馆的伙伴，而不等式则会微笑着说："噢，我都行，你想吃哪家？"对你来说选择多了，但要考虑的事也多了。

不过，这样的灵活性往往正是我们所需要的。如果"减半再加七法则"是等式，那么情侣必须遵循精确的年龄差，即 60 岁的人只能和 37 岁的人约会，别的都不行。相比之下，如果"减半再加七法则"是不等式，那么则容许年龄差在一定范围内波动，即60岁的人可以和37岁的人约会，也可以和46岁、51岁及其他年龄段的人约会。

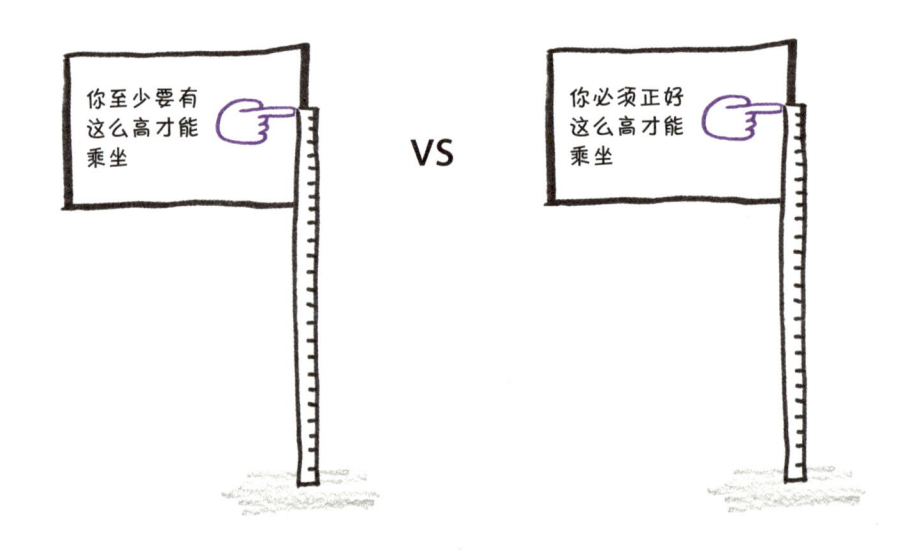

"人们误以为等式就是数学的全部，"物理学家史蒂芬·霍金曾经说，"事实上，等式只是数学中无聊的部分。"我怀疑他是在影射等式里蕴含的几何理念，但没准儿有数学家会说："就是，说得太对了！不等式才是数学中最有趣的部分。"

尽管如此，在大众对数学的普遍认知中，等式仍然占据主导地位。没人会写一本名为《快乐不等式》的书。"不等"这个词更容易让人联想到一些抗议活动，而不是工程师们在计算桥梁的承重极限。然而，如果没有不等式，数学语言将会变得一团糟。"在试图理解一个问题时，没有什么比一个好的不等式更有用，"数学家塞德里克·维拉尼曾写道，"不等式表达的是一个项强于……另一个项，一种力量强于另一种力量，一个存在强于另一个存在。"即便我们的讨论中充斥着等式，但我们的生活中处处是不等式。

例如，限速意味着你最多可以以每小时65英里的速度行驶。但你不必正好将时速控制在65英里。

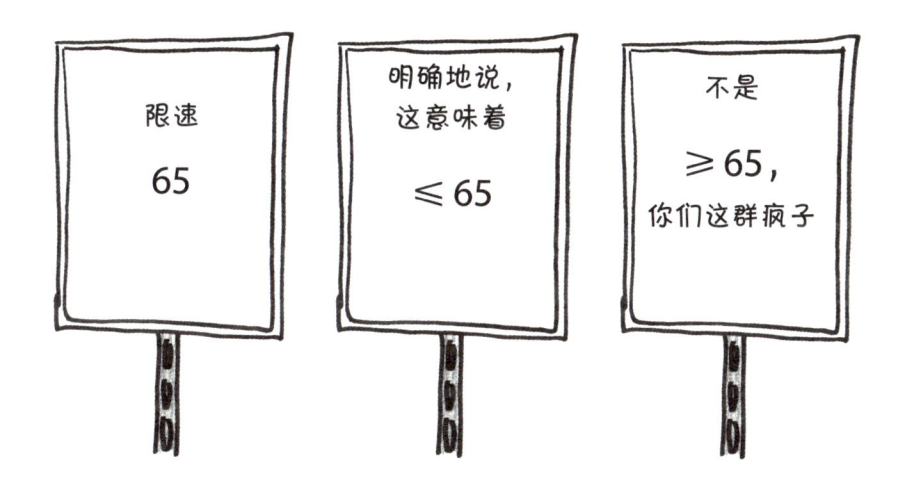

限速
65

明确地说，
这意味着
≤ 65

不是
≥ 65，
你们这群疯子

同理，当我女儿在游乐场里向我央求"再玩5分钟"时，她并不是说再玩整整5分钟，6分钟、7分钟（或者100分钟）也可以。

时间大于5分钟？

大于或等于5分钟？

不对。

对。

下面是我特别喜欢的一个例子：如果你下班回家途中要办点儿私事，那么从A点直接到B点所走的路程永远比中途绕到C点再回来更短。这个看似平凡的事实被称为"三角形不等式"，它对数学家们如何定义"距离"这一概念来说至关重要。

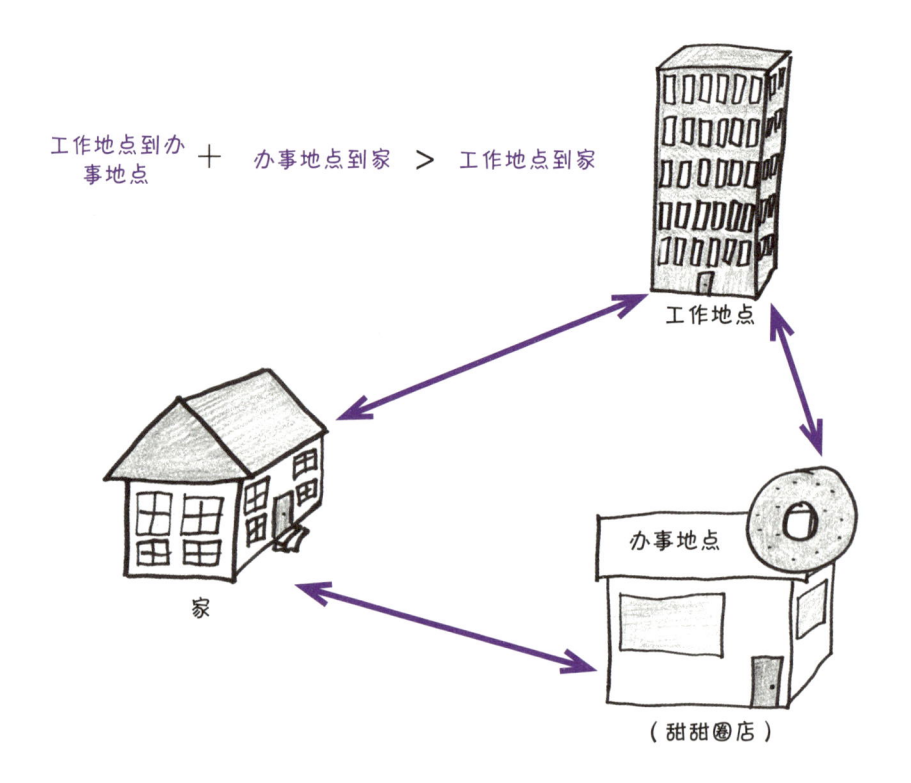

工作地点到办事地点 ＋ 办事地点到家 ＞ 工作地点到家

工作地点

家

办事地点

（甜甜圈店）

  不等式很少出现在大众的视野里，它们常常隐藏在那些美丽而对称的"兄弟姐妹"——等式的阴影之下。我时常发现自己会为不等式发声，就好像这两种数学命题有什么竞争关系似的。这当然很傻，因为等式和不等式协同工作；求解一个等式的关键往往是一个不等式，反之亦然。我想这就是"减半再加七法则"给我上的一课：我的妻子泰伦和我年龄相仿，我们的生日前后相差不到一周。换成代数语言的话，你可以说，等式 $y = x$ 是满足不等式 $y > \frac{x}{2} + 7$ 的条件的（至少在 $x > 14$ 的情况下）。

图形

  如果有学生被一道数学题难住，我们这些数学老师经常会给出相同的建议："画幅图看看。"但这个准则有个问题：有时你并不知道该画什么样的图。一次，有一名三年级学生不会算 $\frac{1}{4}+\frac{2}{3}$，我的朋友迈克尔·珀尚就给了他这个建议。他希望那孩子可以画出两个相同的形状，并把它们分成若干份。但5分钟后，他回来查看时发现，这名学生并没有把圆分成4等份，而是画了一家栩栩如生的烘焙店，还往上面添加阴影和招牌标志。这真的画了幅图啊。

搞不清楚状况的不单单是孩子。众所周知，成年人的课本上也会出现莫名其妙的战斗机和猎豹，就好像数学的奥秘在于画图，不管画什么都行。但数学的难点不是记住各种猫科动物是什么样子，而是理解抽象的概念。

学习代数的挑战是，把看不见的东西具象化。

代数研究的是关系。不过，这里所说的不是浪漫关系，而是"两个数字之间的关系"，比如华氏度与摄氏度之间的换算关系、比萨的直径大小与它可供多少人食用之间的关系、行进1英里所需的时间与你的速度之间的关系，等等。

要想全面且准确地描述这些关系，我们可以使用等式。等式包含了大量的信息，但有时你很难解码。

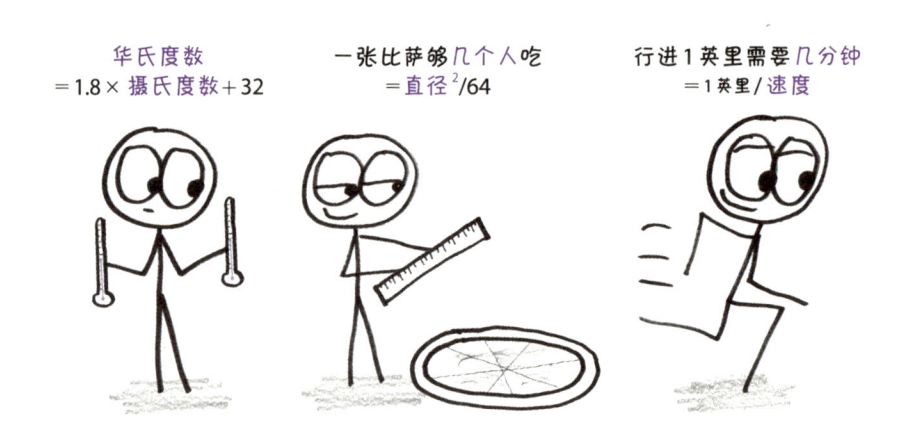

华氏度数　　　　　一张比萨够几个人吃　　　行进1英里需要几分钟
=1.8×摄氏度数+32　　=直径²/64　　　　　　=1英里/速度

与此同时，如果想通过几个清晰而具体的例子来描述一种关系，我们可以使用表格。表格比等式更容易理解，但不完整——就像从几小时长的视频中截了几张图。

华氏度	摄氏度	体感
113	45	热死了
86	30	太热了
59	15	不冷不热
32	0	太冷了
5	-15	冷死了
-22	-30	绝不推荐

比萨直径	食用人数	尺寸
8英寸	1	小号
12英寸	2	中号
14英寸	3	大号
16英寸	4	超大号
133.2英尺	40 000	世界纪录

速度	时间	行进方式
3英里/小时	20分钟	走路
8英里/小时	7.5分钟	跑步
15英里/小时	4分钟	骑车
30英里/小时	2分钟	开车
120英里/小时	0.5分钟	跳伞

既然等式是完整的但不好理解，表格容易理解但不完整，有什么方法可以综合二者的优势呢？有没有一种视觉化的语言，能让人一看就领会其中的完整关系？

提示：本节标题。

图形的起效机制基于经度和纬度。当你在地球上漫步时，你可以用两个数字来描述自己的确切位置：一个是纬度（你与赤道之间的距离，向北或向南），另一个是经度（你与本初子午线之间的距离，向东或向西）。这个系统将地理位置转化成了数字：对于地球上的每一个点，都有一对特定的经纬度值来描述。

图形也一样，只是恰好反过来：每对数字在平面上都对应一个独特的点。它将数字转化为空间上的位置呈现，并且在这个过程中，创造出了一幅比任何烘焙店的画作都更有用的图像。

首先，我们画一条 x 轴（相当于赤道）和一条 y 轴（相当于本初子午线），二者在一个名叫"原点"的位置相交。

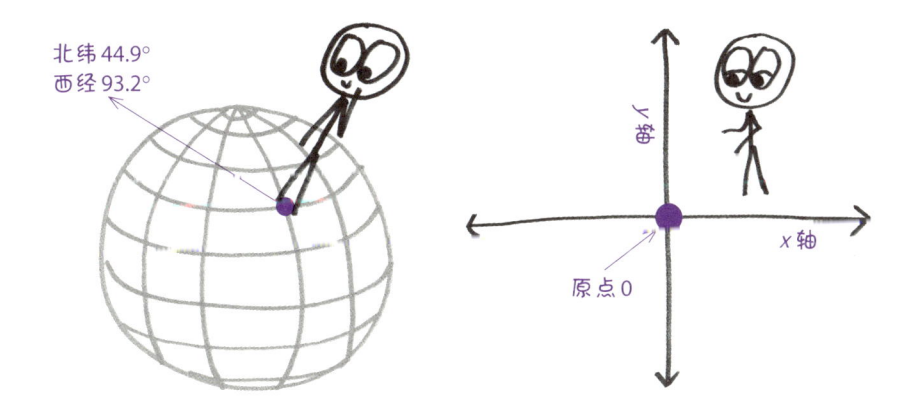

使用任意一对数字，前面的数值（x）表示你位于本初子午线右侧的位置，后面的数值（y）表示你在赤道上方的位置。当数值为负时，则表示相反方向，即本初子午线左侧和赤道下方。

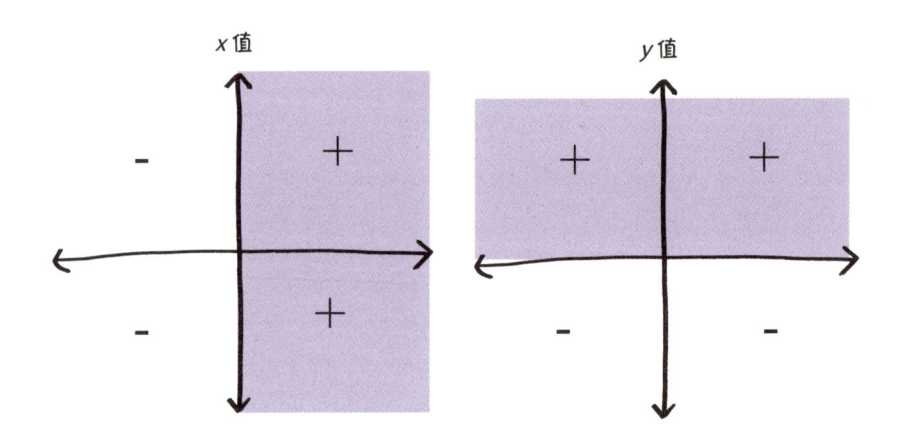

这样一来，我们就用一对数字标明了图中的一个点。例如，-12℃和10.4℉这对相等的温度值也可以创建一个点：从原点向左移动12个单位，然后再向上移动10.4个单位。我们将其标记为（-12，10.4）。

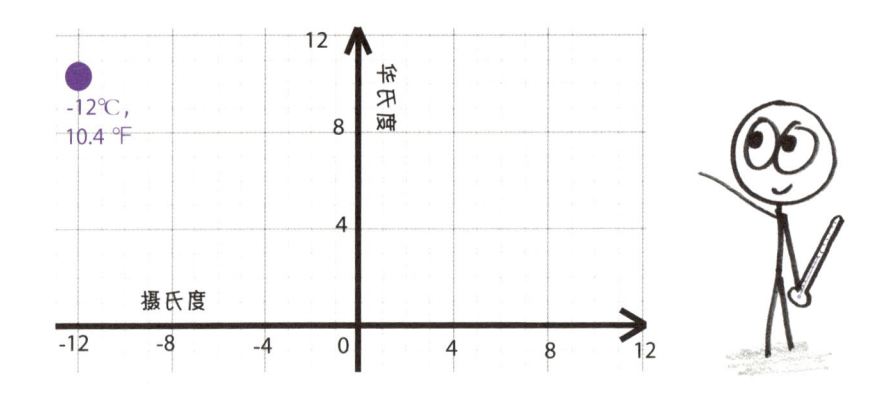

另外，遵循同样关系的几对数值可以在同一幅图上创建出一系列点。

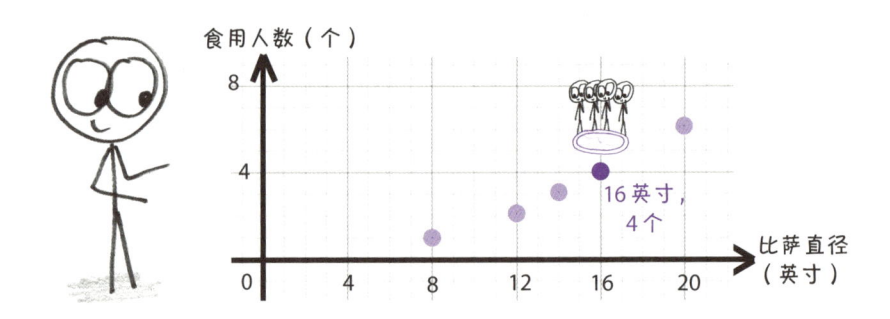

而像下面这种包含着无数对数值的关系，则形成了一条连续的直线或曲线。

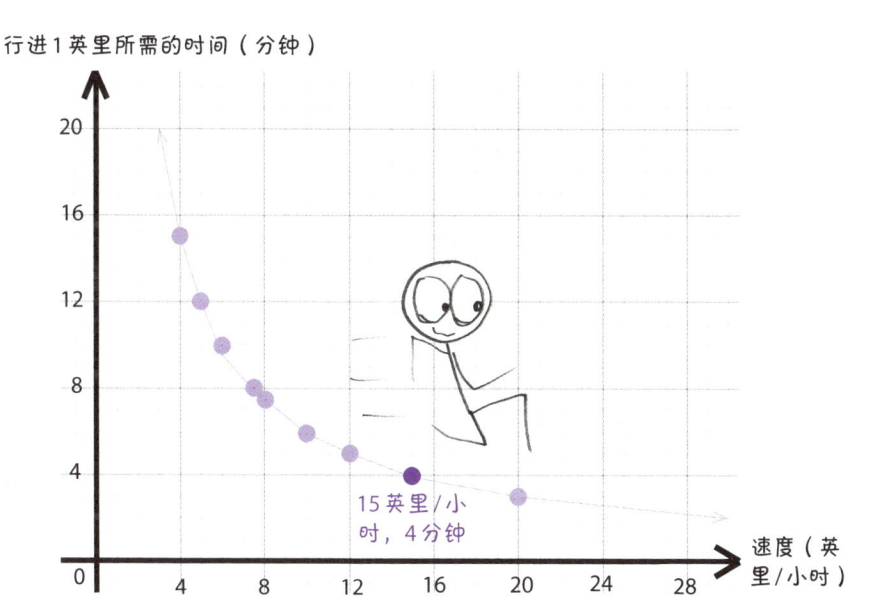

行进1英里所需的时间（分钟）

15英里/小时，4分钟

速度（英里/小时）

我刚开始教高中数学时，每晚我会布置10道、15道或者20道绘图题。学生们就像在一家管理不善的绘图工厂工作的工人一样抱怨连连。责任全都在我：我让他们不停地画啊画，却从不曾让他们停下来审视或"利用"自己的"作品"，这使得他们把图视为最终产品，但它们显然不是。

那么，绘制图形到底有什么用？

首先，图形揭示了一种关系的全貌。0是一个有意义的数值吗？可以接受负数的存在吗？只需看一眼图，我们就能找到这些问题的答案。

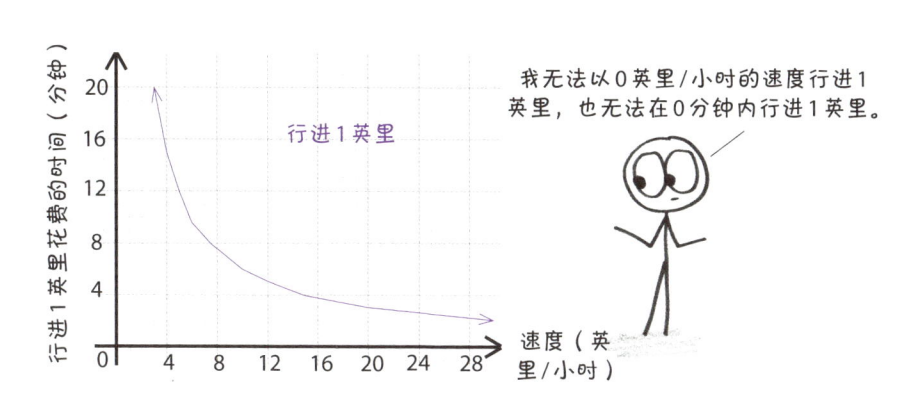

行进1英里花费的时间（分钟）

行进1英里

我无法以0英里/小时的速度行进1英里，也无法在0分钟内行进1英里。

速度（英里/小时）

图形也能揭示出趋势。当一个数值增长时，另一个数值也会按比例增长吗？它是迅速飙升，还是逐渐接近某个上限或者下限？

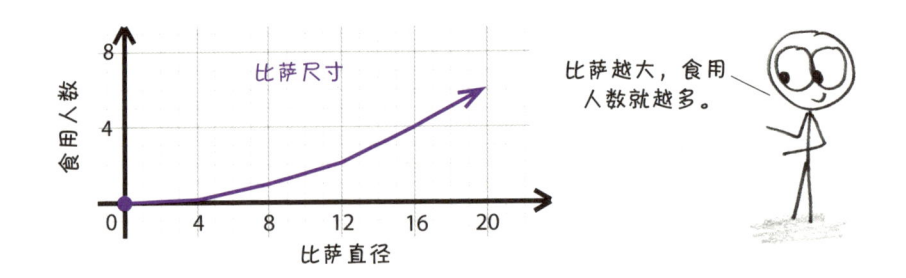

图形甚至能重点强调一些特殊的数值对。例如，是否存在两个变量相等的时刻？如果其中一个变量等于0，又会发生什么？

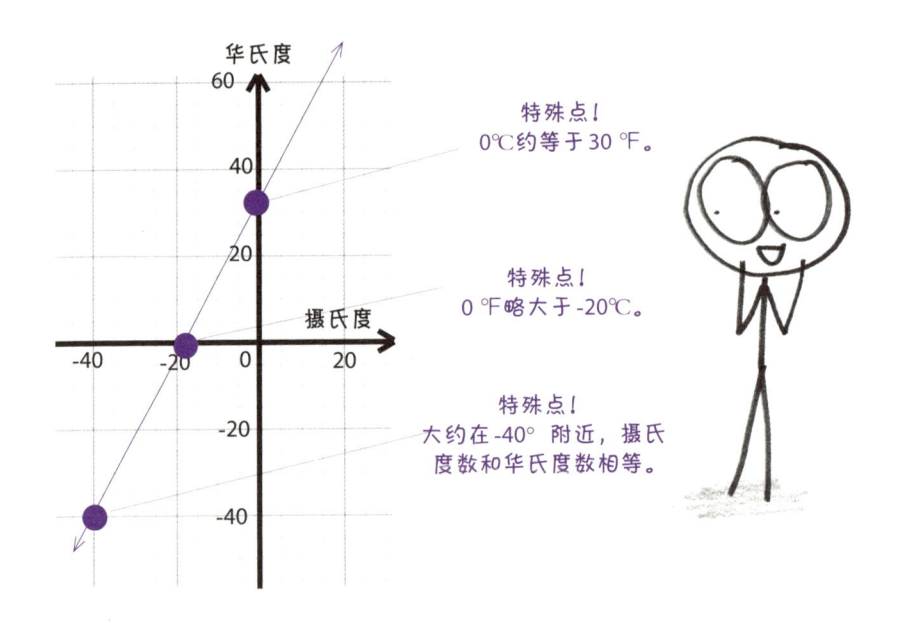

图形将等式的完备性和表格的易读性结合在了一起，但我们也为此付出了代价：不够精确。例如，当 $x = 7$ 时，y 的确切值是多少？是 8.5、8.6，还是 8.571 4？等式或表格能够精确地告诉我们答案，但图形太过粗略，无法区分相近的可能值，就像一张随手拍的照片无法精确到毫米级别显示照片中人物的身高一样。对于这种精确度，图形并不适用。

相反，图形是历史上最古老的数据可视化形式，它将一系列看似杂乱无章的数字转化为一幅我们一眼就能看明白的图像。"重点不在于有多少信息，"数据可视化领域的先驱爱德华·塔夫特曾说，"而在于这些信息如何被有效地排列。"图将海量信息（无数对数值）以一种有效的形式进行整合。塔夫特接着写道："图形的优势在于，它能在最短的时间内，用最少的笔墨在最小的空间内向观者传达尽可能多的信息。"

那句老话确实没错：当有人被数学题难住时，就先让他画幅图吧。但为了避免出现类似猎豹、战斗机或者装饰有精细阴影效果的烘焙店的情况，有必要加个限制条件：当有人被数学题难住时，就叫他画一幅能让塔夫特感到骄傲的图。

公式

科幻作家约翰·斯卡尔齐有一个我很喜欢的古怪理论：地球上所有的草莓，无论大小，都含有相同量的"味道"。大草莓的味道分布较稀薄，每咬一口只能尝到一丝淡淡的味道，而小草莓的味道浓缩得更加密集，轻咬一口都能感受到强烈的冲击。所以，不妨把这称作"草莓公式"：味道的强度与草莓的体积成反比。

严格来说，我觉得这个公式不准确。但在一个草莓个头如苹果般巨大，而味道寡淡的世界里，这个理论感觉很准确。

$$味道的强度 = \frac{1}{体积}$$

我写本书的大纲时，我的编辑贝基问我是否打算写一个章节专门讲公式。我不得不请她说清楚一点，她指的是二次公式、梯形面积公式，还是斯卡尔齐的"草莓公式"。

"我只是觉得学校里教的数学充满了公式，"她说，"那些必须背的公式。我们用了一次又一次的公式。"

我已经忘了这类公式是如何像阴影般笼罩着学生们的，忘了我们曾怎样花一整晚的时间将各种数字代入 $A^2 + B^2 = C^2$，忘了高中物理课一整年都围绕着那六七个标准等式进行各种推导计算练习的，也忘了那些公式看上去有多么死板，就像水的化学式（H_2O），或者可口可乐的秘密配方（已被保密处理）。简而言之，我已经忘了学习数学时的那种感觉。

$$K = \frac{1}{2}mv^2$$

我之所以会忘记这一切，是因为对数学家来说，"公式"这个概念本身就不够明确。公式只是一些等式,而等式也不过是一种表明两个事物相等的陈述。$A = \pi r^2$(计算圆面积的著名公式)和 $A = P^2 - 3d$(我刚刚编造出来的没人知道的公式)之间并没有一条明确的界限。只是 $A = \pi r^2$ 更有用而已。

公式不过是一个"更聪明的"等式。

那么,什么才算公式呢?人们并未达成共识。有些教科书中收录的公式在我看来不过是一些过于明确的建议,不像是"想改变世界,先改变自己",更像是"在伦道夫大道上右转"。另一些公式在我看来是显而易见的常识,不像"别对婚礼摄影师太吝啬"(感谢这条建议),更像"别揍你的婚礼摄影师"(我不需要这样的建议)。

还有一些公式像斯卡尔齐的"草莓公式"那样随意而古怪,比如我小时候一直很好奇,是谁把书归类为"5年级水平"或"6年级水平"。是某位阅读专家,还是某个精挑细选的焦点小组?

都不是。出版商只是把文本直接代入了弗莱施-金凯德阅读水平公式[1]:

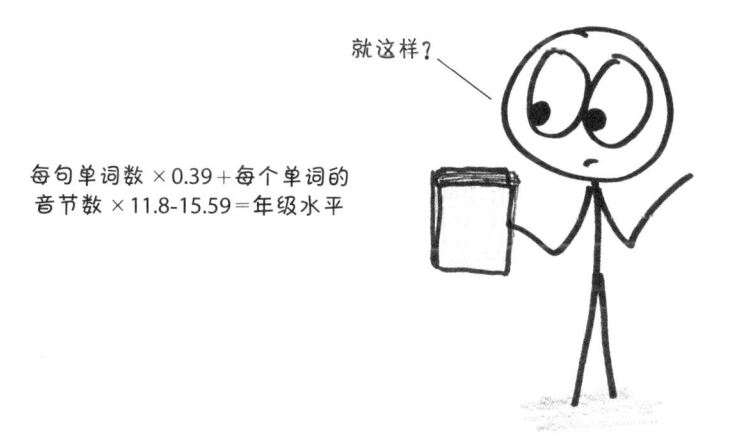

每句单词数 × 0.39 + 每个单词的音节数 × 11.8 - 15.59 = 年级水平

就这样?

这个公式并不关心句子和单词的具体含义。句子短,词也短?低年级

---

[1] 由鲁道夫·弗莱施(Rudolf Flesch)和J.彼得·金凯德(J.Peter Kincaid)提出。这两位在文本可读性研究领域具有重要影响,他们分别提出了弗莱施阅读易度公式和金凯德年级水平公式,用于评估文本的阅读难度。

水平。句子又长又拖沓，还夹杂着源自拉丁语的多音节词汇？高年级水平。

按照这个公式，理论上的最低阅读水平是 - 3.4。这相当于一个由单音节单词组成的单字句子。最接近这个水平的文本大概是苏斯博士的作品《绿鸡蛋和火腿》(*Green Eggs and Ham*)，里面的句子长度不一，但单词几乎全是单音节。它的得分是 - 1.3，所以理论上你可以在上幼儿园前一年读懂它。

另一个极端是美裔英国小说家露西·埃尔曼的获奖小说《纽伯里波特的鸭子》，这本书里的一句话就有上千页。据我估算，这本小说的弗莱施-金凯德评分超过150 000。这也解释了为什么我认识的人中没有一个有资格读它（除了我的朋友凯蒂，她是一位书评家，显然已经获得35 000个学士学位）。

文本	难易程度
"话。笑。爱。"	婴儿水平
"我来。我看见。我征服。"	幼儿园水平
"跳舞。跳舞。革命。"	相当难
"Ontogeny recapitulates phylogeny."①	这句话是我9年级的生物老师奈提女士说的，但我需要读完4个博士学位才能读懂它。

弗莱施-金凯德阅读水平公式是一个有用的工具。但它显然也很愚蠢。按照这个公式，"犰狳掉进水里"和"立法机关陷入一片混乱"难度相同。不过，我不会责怪弗莱施或者金凯德。没有一个简单的公式能准确评估所有书的难度，原因很简单：世上没有完美的公式。唯一放之四海而皆准的真理是，没有什么真理放之四海而皆准。

---

① 意思为：个体发育概括了系统发育。

除了数学领域。你看，公式 $A = \pi r^2$ 的确能计算所有圆的面积。

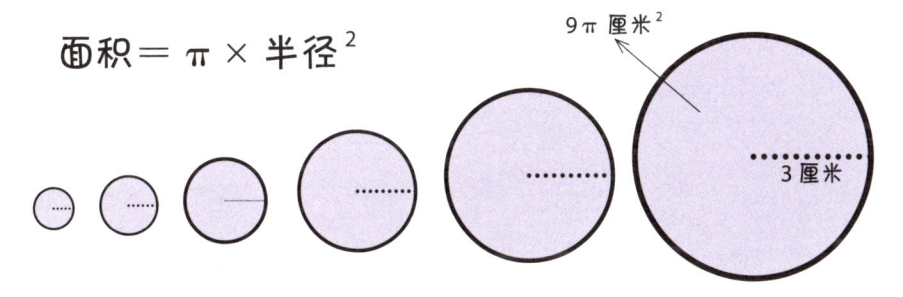

面积 = π × 半径²

9π 厘米²

3 厘米

公式 $A^2 + B^2 = C^2$ 的确主宰着每一个直角三角形的边长。

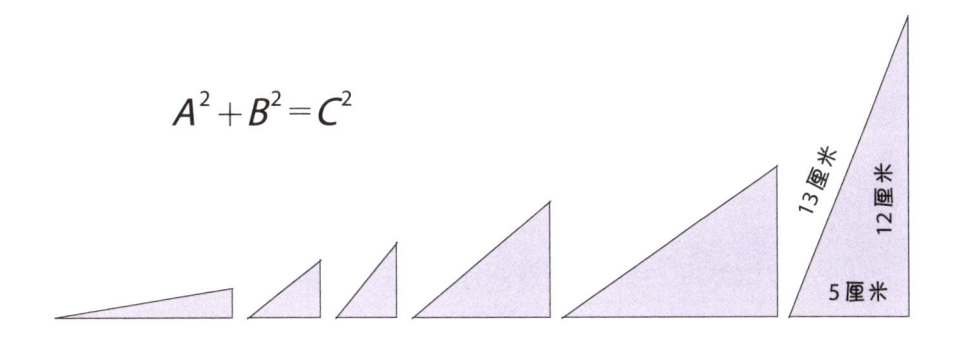

$$A^2 + B^2 = C^2$$

13 厘米
12 厘米
5 厘米

公式 $V + F = E + 2$ 的确符合每一个立方体、棱柱体和角锥体的特征。

顶点数 + 面数 = 边数 + 2

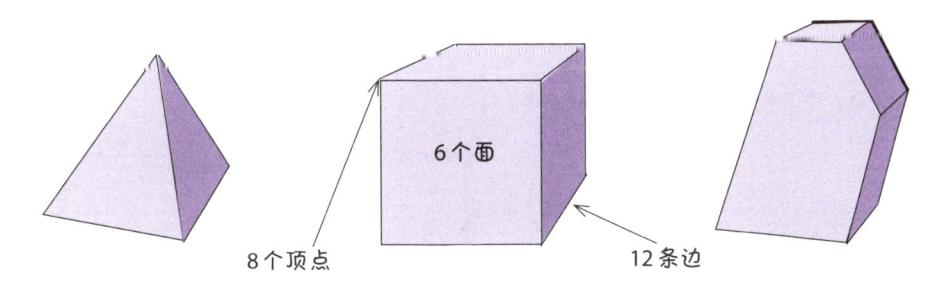

6 个面

8 个顶点   12 条边

在现实生活中，公式的用处也有限。有时它们会以趣味格言的形式出现（据说，哲学家威廉·詹姆曾将"自尊"定义为"成功除以自命不凡"），有时它们会成为粗糙但实用的官方工具（例如，弗莱施-金凯德阅读水平公式由美国海军委托开发，以帮助他们编撰简洁易读的指导手册）。但我们都知道，自尊、语言的复杂程度和草莓味道的浓郁程度是无法被精确测量或计算的，最多只能粗略估计。

简而言之，数学不同于现实生活。数学中充满了完美的抽象概念，对它来说，公式不是简单的近似，而是实实在在、完完全全的真理。如果我的学生在回顾公式时，觉得它们只是令人乏味的重复对象，那么我作为老师是失败的。公式不仅仅是工具，它们更是数学文献中的"经典之作"，是经久不衰的等式的典范。

化简

上大学时的一个秋天，我选修了一门所有人都觉得难的数学课。教授不想让大家都不及格，所以期末考试时，他让我们把卷子带回家做，而且考试内容比我们在课堂上学的那些要简单得多。交卷那天，我的同学丹尼尔问了一个非常直白的问题："这跟我们上的课有什么关系？"教授手舞足蹈地解释了好几分钟。

他说完后，丹尼尔总结道："也就是说……基本上没关系。"

教授笑着耸了耸肩，无法反驳他的这个同义替换。

看，这个式子表达了二者的相关性。

这个式子等于0。

$$\left(\frac{\sin x \cos x}{\sin 2x}\right)^{-2} - \left(\frac{\cos^2 x + \sin^2 x}{\cos\left(\frac{x}{2}\right)}\right)^2$$

许多数学工作不过是美化后的同义替换。世界呈现给你某种复杂的表达，而你的工作是一遍又一遍地重新阐述这些信息，使得每次都比上一次更简单、更清晰。通过这样的过程，一段包含几百个词的长篇大论（它和我们这门课的关系是，双曲空间的保向对称性允许这样的解释……）可能会变成一个短语（基本上没关系）。

这种释义被称为"化简"。正如我们即将看到的那样，这个词本身尚有争议，但它背后的原则不容否认：化简带来清晰，清晰带来洞见。"我们的生活被细节淹没了，"自然学家亨利·梭罗曾写道，"化简，化简，化简！"

要阐明这条原则，我们可以用"英语"这门语言来类比。我们从一个冗长含糊的句子开始，对它进行调整和处理。

我哥哥的妈妈家的猫恢复了不避免口服禾本科植物的习惯。

澄清家庭关系

我家的猫恢复了不避免口服禾本科植物的习惯。

删除双重否定

我家的猫恢复了口服禾本科植物的习惯。

去掉傻乎乎的多余词语

我家的猫恢复了吃草的习惯。

改得更自然一些

我家的猫又开始吃草了。

我们并没有更改这个句子的内容。相反，我们通过将信息转换成一种更适合人类（或猫咪）理解的形式，从而揭示了其内涵。

我得承认，这个例子是我编造出来的。如此冗长含糊的表达在英语中很少见，除非出自合同律师之手。但在数学中，这么复杂的情况时常出现。数学世界以一种杂乱无章、分散不齐的方式提供信息，只有通过审慎的同义替换才能将其转化为更有用的形式。

例如，下面这个我最喜欢的一个关于三角函数知识点的证明。不要纠结于细节，只需观察一个复杂的表达最终是如何演变为极为简洁的形式的。

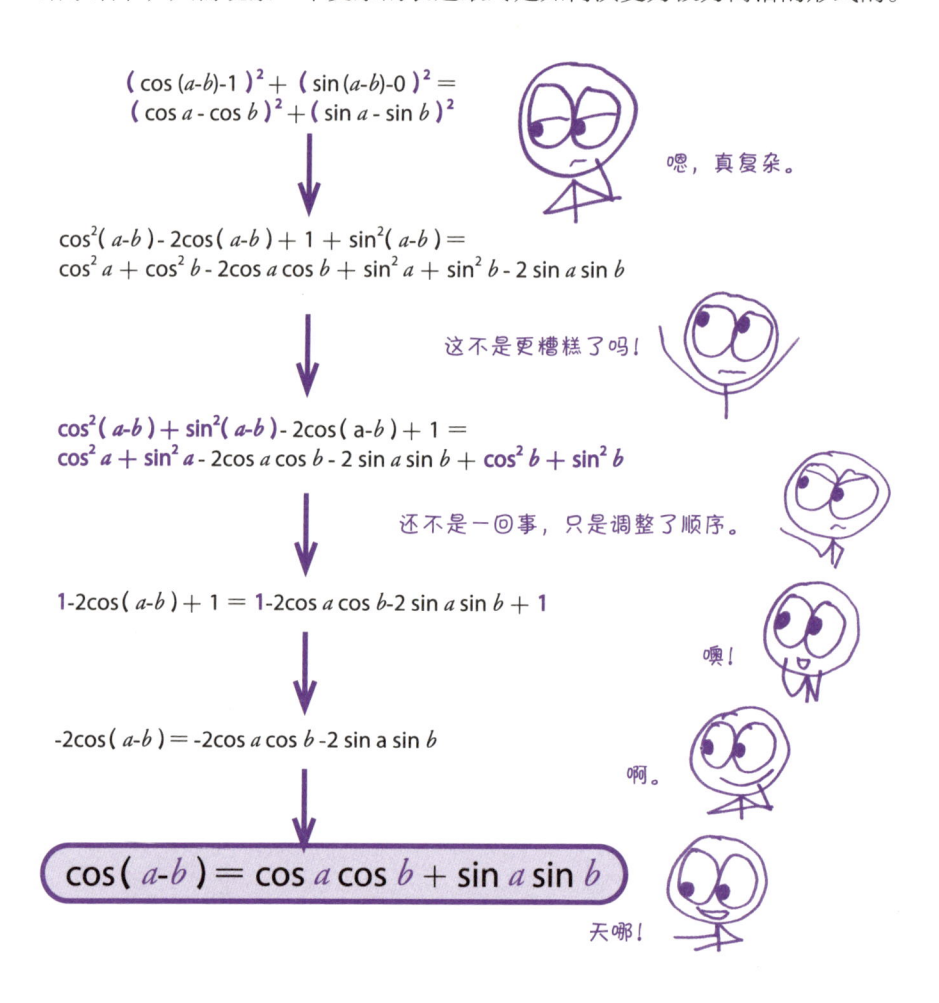

$$(\cos(a-b)-1)^2 + (\sin(a-b)-0)^2 = (\cos a - \cos b)^2 + (\sin a - \sin b)^2$$

嗯，真复杂。

$$\cos^2(a-b) - 2\cos(a-b) + 1 + \sin^2(a-b) =$$
$$\cos^2 a + \cos^2 b - 2\cos a \cos b + \sin^2 a + \sin^2 b - 2\sin a \sin b$$

这不是更糟糕了吗！

$$\cos^2(a-b) + \sin^2(a-b) - 2\cos(a-b) + 1 =$$
$$\cos^2 a + \sin^2 a - 2\cos a \cos b - 2\sin a \sin b + \cos^2 b + \sin^2 b$$

还不是一回事，只是调整了顺序。

$$1 - 2\cos(a-b) + 1 = 1 - 2\cos a \cos b - 2\sin a \sin b + 1$$

噢！

$$-2\cos(a-b) = -2\cos a \cos b - 2\sin a \sin b$$

啊。

$$\cos(a-b) = \cos a \cos b + \sin a \sin b$$

天哪！

这个过程没有更改任何信息，只是一连串的同义替换。通过一次又一次的转换，我们朝着更精简的表达式前进。

这里展示了数学语言的一个深刻原理：为了阐明问题，我们要进行化简。"大部分数学问题的核心与精髓，"数学家巴里·梅热（Barry Mazur）写道，"在于这样一个事实，即同一个对象能够以不同的方式呈现在我们面前。"很多时候，证明或计算不过是一种明智而巧妙的语言转换。

想想"求解"一个方程的过程。如果用视觉化的方法来表述，我们就像在拆一层层的包装，但从概念上说，我们只是在重新阐述一个事实。比如我们被告知，下图中这两个一模一样的盲盒加上4美元，总价值是30美元。

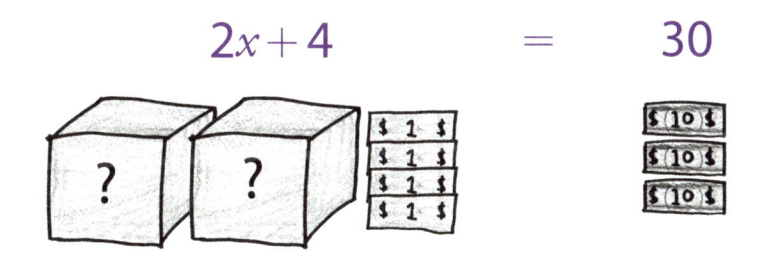

$$2x+4 \quad = \quad 30$$

去掉多余的4美元，这两个盒子加起来必然值26美元。

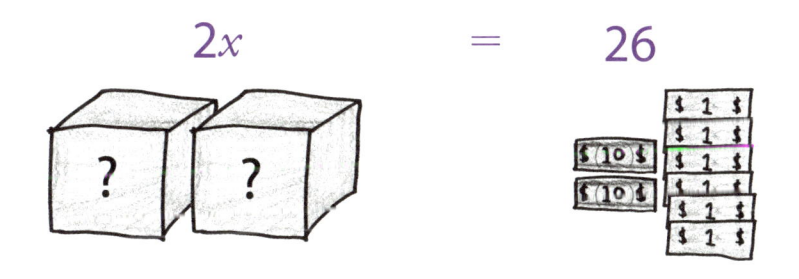

$$2x \quad = \quad 26$$

现在再说这两个相同的盒子总价值是26美元，就等同于说，每个盒子价值13美元。方程得解。

x = 13

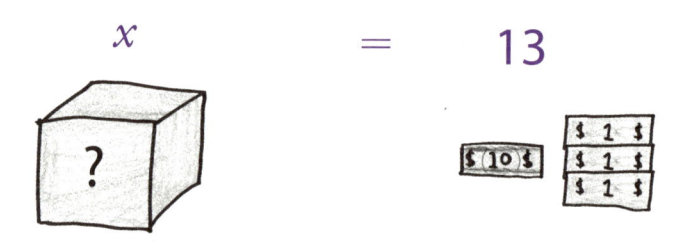

遗憾的是，"更简单"并不总等于更清晰，比如 $3x+6$ 和 $3(x+2)$ 这两个等价的表达式。前者是求和：3 个 x 加 6 个 1。后者是求积：一共 3 组，每组都是 $x+2$。两种表达各有用处，也各有其意义。但从本质上说，它们谁也不比谁简单。

"做代数的关键在于，"数学老师保罗·洛克哈特写道，"根据手头的情况和我们的偏好，在几种等价的表达之间来回跳跃。从这个意义上说，所有代数运算都是心理学层面的。"

旧信息，新形式。

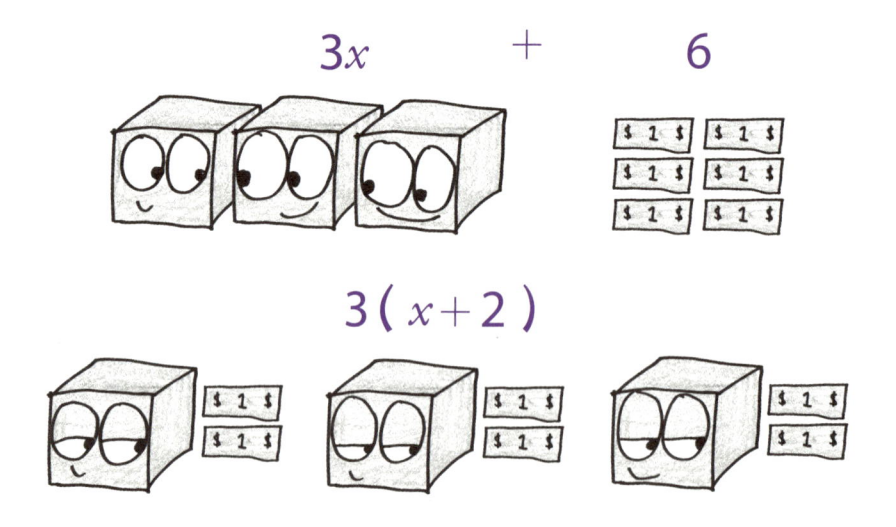

$3x$ + 6

$3(x+2)$

"化简"这个词的歧义让一些老师感到恼火。如果一本教科书前几页要求你把 $3x+6$ 化简为 $3(x+2)$，中间几页又要求你把 $3(x+2)$ 化简为 $3x+6$，那是真的让人恼火。在这种情况下，使用一些专业术语能够实现更高的精确度：我们不再说这个"化简"，那个"化简"，取而代之的是，"因式分解""分配""提炼"或"展开"。

不过，当一些激进的老师更进一步，提议完全废除"化简"这个词时，我认为他们有点儿过了。爱因斯坦曾说："把一切都尽量简化，但不要过度简化。"的确，化简是个模糊的概念。但我们热爱的所有事物，从美到真理，再到三明治的特性，都是如此。废除"化简"这个词本身就是一种过度的简化。单纯地更换名称，并不能阐明其背后的本质。

但我得说，在数学领域，又是另一回事了。在数学中，用一种表述取代另一种表述确实能带来某种启发。在数学语言中，或许也只有在这种语言中，智慧可以像同义替换这么简单。

求解

我很爱看侦探小说，但我完全不擅长破解里面的谜题。就算你剪辑一部影片，从一开始就在屏幕上标注出凶手是谁，到大揭秘时我还是会大为震惊。"啊，"我会说，"所有线索都串起来了。丢失的珠宝、伪造的签名，还有那个一直闪烁着的'这就是凶手'的箭头。多么精巧的谜题！"

也许我应该专注于数学谜题。虽然二者在一些细节上有所不同，但前提预设都是一样的。我们首先会得到关于某样东西（通常是一个未知数）的描述。然后，"解"这个描述，也就是弄清楚它描述的到底是什么。

例如，下面这个谜题：

$$x^2 = 3x + 10$$

"有一个未知数 x，"这个方程告诉你，"它的平方数比它的 3 倍大 10。"这既不是一个问题，也不是一道指令，而是对事实的简单陈述。但它引起了我们的好奇心。这个神秘的 x 到底是谁？从某种意义上说，我们需要化身为侦探，找出那个符合描述的"嫌疑人"——用数学术语来说，就是找到一个能满足该方程的数字。而我们唯一的线索是这个方程本身。

在这种情况下，一种方法是随便猜。如果是调查刑事案件，我不推荐这种办法，但对于数学问题，猜测和验证往往行得通，因为这些猜测很容易验证。

例如，数字 1 符合上述描述吗？1 的平方是 1，1 的 3 倍数是 3。现在，这个数的平方数比它的 3 倍数大 10 吗？唉，还差得远。好吧，我们把 1 从清单上划掉。2 呢？还是不对：它的平方数（4）比其 3 倍数（6）小。那 3 呢？还是不行：它的平方数和 3 倍数相等（都是 9）。

继续往下猜，你可能会偶然发现一个解，也就是 5。它的平方数（25）正好比其 3 倍数（15）大 10。谜团解开了。

真的解开了吗？

数学谜题与阿加莎·克里斯蒂[①]的侦探小说的不同之处在于，数学问题的解可能不止一个。同样的描述可能对应无数个解，或者根本没有解，抑或介于这二者之间任意数量的解，比如 17 个解，或者 5 836 个解。

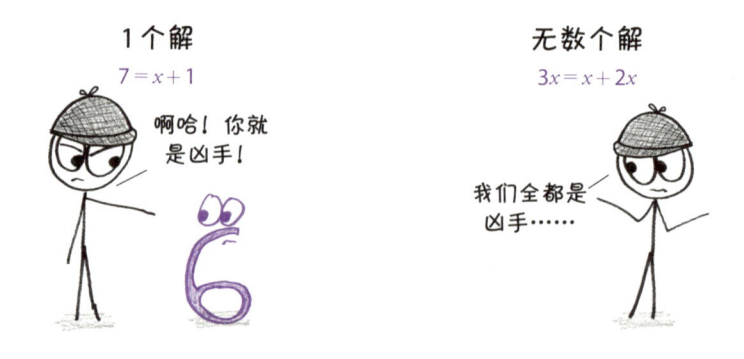

1 个解
$7 = x + 1$

啊哈！你就是凶手！

无数个解
$3x = x + 2x$

我们全都是凶手……

---

① 阿加莎·克里斯蒂（Agatha Christie，1890—1976），英国侦探小说家、剧作家，代表作有《东方快车谋杀案》《尼罗河上的惨案》等。

0 个解
$x = x + 1$

没有凶手。事实上，符合描述的凶手不可能存在。

？？？ 个解
$x^2 = 3x + 10$

我们找到了一个"嫌疑人"……但会不会有另一个"嫌疑人"也犯下了同样的罪行？

实际上，大量的数学知识本质上就是对各类谜题的研究。在这个过程中，你将了解特定类型的方程应该有多少个解，学会如何小心谨慎地处理已有条件（这些"证据"），并掌握适用于不同情形的解题方法。随着经验不断积累，你会逐渐成长为数字界的夏洛克·福尔摩斯。

在这个例子中，我们可以运用在（数学）学习过程中所学到的技巧（别在意那些细节），把我们的已知条件以一种更有用的形式重新表述出来：

$$(x - 5)(x + 2) = 0$$

上面这个谜题是这样表述的："两个数相乘的结果为零。"这在代数领域就相当于确凿的罪证。这几乎等于公开认罪。什么情况下相乘会得 0？只有当其中一个乘数为 0 时才会这样。

如果第一个数（$x - 5$）等于 0，那么 x 就等于 5。这就是我们已经找到的那个解。

与此同时，如果第二个数（$x + 2$）等于 0，那么 x 就等于 -2。这是一个全新的解，就像是之前我们忽略了的"凶手"。它不能算同谋，更像是另一个恰巧犯下了同样罪行的罪犯。

现在，谜团终于解开了。

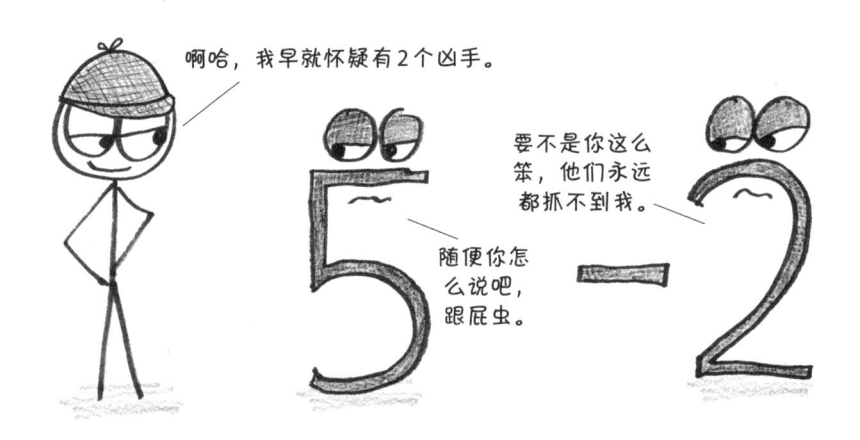

不是每个谜题都这么让人心情愉悦。在某些情况下，你可能会碰到一个无趣的解，就像一本从第二页就失去悬念的推理小说。这被称为"平凡解"。例如，$x^2 + 2x = x^3$，这是一个相当有趣的"谜题"：一个数的3次方等于它的平方加它的2倍数。但是，在你找到任何有趣的解之前，你会先发现一个无聊的解：$x = 0$。0的3次方、平方和2倍数都是0，所以这个方程就变成了0 + 0 = 0。完全正确，但毫无乐趣可言。

从这个角度来说，平凡解在逻辑上是令人满意的，但在情感方面令人不满。它满足了你的方程，却满足不了你的好奇心。

尽管如此，平凡解依然是一个真正的解。更危险的是伪解，它是我们寻找真正解的过程中产生的伪劣品。以求解$\sqrt{x+2} + x = 0$为例。如果以自然的方式解这个谜题（再次提醒，不要纠结于细节），你会得到两个解：2和－1。

然而，只有－1是真正的解。把2代入原始方程，你最终会得出"4 = 0"这种荒谬的结果。这个伪劣品2根本不是方程的解，而是一个我们必须用"原始方程"这个过滤器清理掉的工业废品。需要明确的是，我们并没有犯任何错误。只是寻找真正的解（如－1）的过程中，有时可能会产生伪解（如2）。

传统的推理故事和数学谜题有许多共同点：二者都从一段描述开始（对案件/计算的描述）、找出罪魁祸首（罪犯/数字）、掌握证据（指纹/方程）、排除那些有着令人信服的不在场证明的嫌疑人（案发时我在法国/我不满足那个方程）、夏洛克通过声称华生医生提的那些问题"太小儿科"，让他难堪/我们可以施展自己的推理能力。最棒的是，我们最后找到了解，每一个都像钥匙丝滑地插进锁孔那样令人满意。

但是，等等。这里有一个转折。故事不总是这样发展的吗？

在数学中，数字很少单独起作用。我们研究的是相互关联的数字网络。

就像化学家经典的公式 $PV = nRT$，精确地阐明了几个变量[这里的变量分别是某种气体的压强（P）、体积（V）、温度（T）及分子数量（n）]之间的关系。

因此，我们面对的可能不是一个描述单一"嫌犯"的方程，而是一个由多个方程组成的系统，它们共同描述了一个像电影《十一罗汉》①中那样的犯罪团伙。

例如，下面这个数学谜题：

$$x + y = 10$$
$$x - y = 6$$

在这里，我们要找的不是一个数字，而是由两个数字组成的一组数。凑巧的是，我们有两条线索：第一条线索是，它们的和是10；第二条线索是，它们的差是6。

事实证明，有无数对总和为10的数字，从 6 + 4 到 13.7 + (−3.7)。同样，也有无数对数字的差为6，从 9 − 3 到 1 006 − 1 000。但这个谜题的精彩之处在于，只有一对数字同时出现在这个数字对的列表中。

它们就是我们要找的"嫌犯"：

---

① 根据1960年的同名作品改编，由史蒂文·索德伯格执导，乔治·克鲁尼、布拉德·皮特、马特·达蒙等主演的犯罪电影。

第三部分　语法：代数的句法规则

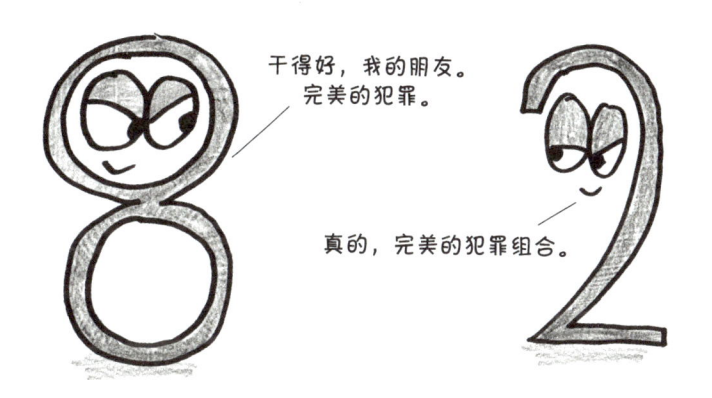

就像一个刚刚破了一桩案件的侦探一样，我发现自己对这类由多个方程构成的数学谜题有一肚子话想说。它们是代数语言的完美结晶，是代数语法为之精心雕琢的精确文学形式。变量让我们得以讨论未知的数字，方程让我们得以描述这些数字之间的关系，而各种巧妙的化简方法使我们能够确定那些未知数，无论它们如何改头换面。你甚至还可以引入图形，然后看着这些数学谜题从书面文字变成视觉艺术，变成由相交的直线和曲面构成的令人震撼的几何图形……

但我还是把这些传奇留给其他作者和更厚重的书去讲述吧。

当我们开启这段旅程时，我曾说数学概念就像一棵树，而数学语言就像围绕着这棵树建造的一幢房子。我承诺过要带你们走进这幢房子，到这一页，我认为我已经兑现了自己的承诺。但我们的工作还没彻底结束，还有更广泛的问题需要我们去解答。首先是一个无法回避的问题：当数学语言让我们感到困惑时，我们该怎么办？我们又该如何处理那些不可避免的错误？

范畴错误

通过犯错来学习一门新的语言，以我的朋友罗斯维尔为例。他的西班牙语一直比我好，部分是因为他更渴望挑战自己的极限，不害怕出糗。记得高中时，我们去西班牙马德里交流学习，他向他的寄宿家庭的主人介绍我："Esto es mi amigo Ben."（这是我朋友本。）房主用英语责备他说："不，罗斯维尔。我们用 este 来形容人，esto 只能用于形容物品。你刚才说的是，'这件东西是我的朋友本'，这跟说你朋友是块石头没什么两样。"

啊，好吧。被说成石头也没什么不好。

在学习代数的过程中，有一种常见的错误叫作"范畴错误"。范畴错误可不只是单纯的计算错误，比如认为 3 + 4 = 6，而是彻底搞错了事物的分类，就像在说 3 + 4 可以产出一块低钠南瓜派一样。道格拉斯·亚当斯[①]在他的一部小说中将这类错误描述为"一种概念的不匹配，就仿佛在说苏伊士运河危机是突然跑出来去买小圆面包一样荒唐"。雷蒙·斯尼奇[②]在他的小说中举了一个例子，说服务员不仅给你上错了食物，还在你的鼻子上咬了一口。范畴错误不只是误用了某个单词或短语，而是误解了整个情境；不只是误解了词性，更是误解了我们说话的目的。

下面就是一个常见的范畴错误（先别管这个问题具体是什么意思，我们稍后会回过头来讲它）。

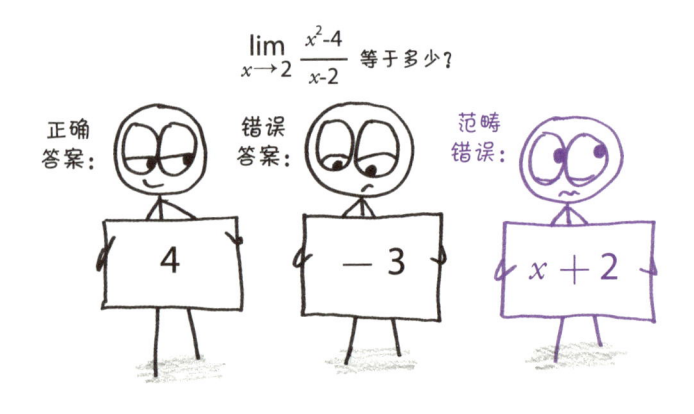

$\lim_{x \to 2} \frac{x^2-4}{x-2}$ 等于多少？

正确答案：4   错误答案：−3   范畴错误：$x+2$

[①] 英国著名的广播剧作家、音乐家和作家，尤其以《银河系搭车客指南》系列作品而闻名。

[②] 雷蒙·斯尼奇（Lemony Snicket）是美国作家丹尼尔·汉德勒（Daniel Handler）的笔名，其代表作有《一系列不幸的事件》。

乍一看，这种范畴错误好像也没那么糟糕。事实上，在你寻找正确答案的道路上，"$x + 2$"这个表达式出现在倒数第二行。"我只不过忘了最后一步，"学生可能会振振有词地辩解道，"这又不像我咬了顾客的鼻子那么严重，更像是我忘了在冷饮中放柠檬片。"

但要是把它放到一个与之类似的英语情境中，这个错误就会显得突出了，如图所示：

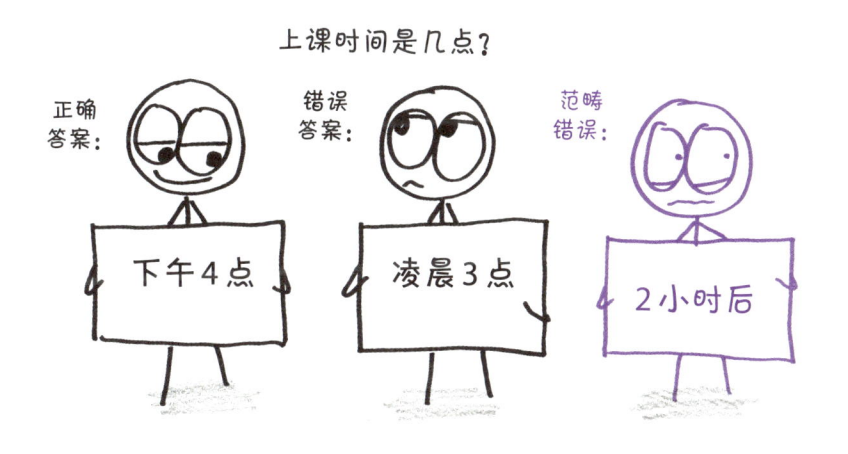

上课时间是几点？

正确答案：下午4点　　错误答案：凌晨3点　　范畴错误：2小时后

"凌晨3点"这个答案显然很荒谬，但至少它是一天中的一个时间点。而对于范畴错误，情况就不同了。它给出的时间只是相对于某个神秘的、尚未提及的事件而言的。比什么晚了2小时呢？

"范畴错误"这一术语由英国哲学家吉尔伯特·赖尔在他的一本著作中提出。这类错误往往出现在这样的情境中：不是在日常生活中（因为日常生活中的各种范畴清晰而为人所熟知），而是在学术领域（其中的范畴可能有点儿抽象，难以捉摸）。你不会把咖啡店误认成理发店，但你完全有可能把某个抽象概念误认为另一个概念。

在数学中，我们习惯于把所有事物都转换为名词：形容词（比如"3只瞎老鼠"里的"3"）可以变成名词（3）、类似动词的计算（如"乘以4再加2"）也可以变成一个名词表达（$4n + 2$）。无论遇到什么，不管是一种属性还是一个过程，我们都可以把它当作一个事物或一个名词来处理。

那么，既然太阳之下皆名词，我们要如何区分某个名词应该属于哪个范畴呢？

以我们前文提到的范畴错误为例。它涉及一个计算 $\frac{x^2-4}{x-2}$，这个式子利用占位符 x 来描述如何执行运算。它问道："如果将趋近于2的数字代入这个运算，你将会得到一个趋近于某数的结果。这个数字是多少呢？"从这样的表述来看，答案显然应该是一个数字。虽然"-3"不是正确的答案，但至少它属于正确的事物类别（是个数字）。$x+2$ 则相反：尽管它与正确答案有关联，但属于错误的事物类别。我问的是一个数字，而你却描述了一个运算过程（加2）。

这和你回答"上课时间是几点？"这个问题所犯的错非常相似。在那个问题里，我问的也是一个数字（下午4点），而你描述的是一个计算过程（加2小时）。在数学领域，这种错误更容易犯。你只是用一个名词换掉了另一个名词。

> 不，不是这个奇形怪状的东西！是另一个奇形怪状的东西！

如果让满腔愤恨的另一个我来写这本书，整本书没准儿全是在控诉各式各样的错误。不要把 $(a+b)^2$ 写成 a^2+b^2，不要把 $\frac{x}{x+y}$ 里的 x 约掉，不准站没站相，别在公众场合抠鼻子，还有，永远别用零做除数。

但是，为什么我们要为无心之失恼怒烦躁呢？我很欣赏罗斯维尔的智慧，而关于这一点，或许建筑师（同时也是数学爱好者）皮亚特·海恩的表述更为精妙：

通往智慧的道路是什么？
噢，说起来直白又简单：
犯错，
犯错，
再犯错，
但错得越来越少，越来越少。

范畴错误是一种交流层面的错误。当"转换"过程中某些东西丢失了，它就会出现，各种名词混作一团，你无法区分不同的范畴。谁是你的朋友，谁是石头？唯一解决办法是，退后一步并提出疑问，多加留意范畴方面的问题，确保自己能将某种类型的名词和另一种类型区分开来。

形式

是什么让数学语言这么难学？我们已经见识了为数不少的拦路虎（如果你愿意，也可以说"为虎不少的拦路数"）：抽象的名词、密集的符号、非动词的动词。然而，在所有这些背后隐藏着另一个挑战：一个巨大而隐晦的、像房间里的大象一样的挑战。

我们必须把被描述的世界与描述它的语言区分开来。

猫 ← 词语

← 动物

在英语中，这并非一项挑战，甚至几乎称不上是一项任务。无须刻意为之，你就能将一个符号（"c-a-t"这几个字母）和它所代表的事物（一种长着胡须的动物）区分开来。这种区分是语言的本质所在：事物有其名称，但名字并非事物本身。

但在数学中，这条界限有时会变得模糊。让我们花点儿时间来厘清它。

例如，我们一般会用 1/2 取代 2/4。但这只是一种语言上的约定俗成：关乎形式，而非内容。用英语来类比，有点像主动句和被动句的区别："I rowed the boat"（我划船）与"The boat was rowed by me"（船被我划了）。尽管这两种表达意思相同，但大部分人说话时更倾向于使用主动句。与此类似，我们更倾向于用 1/2，而不是 2/4，这从本质上说是一个形式问题。

事实　　　形式
我们说了什么　我们如何说
内容　　　方式
谁划船？　　被动 VS 主动
那个数是几？　选择基准

再举个例子。一个事实：两个数相乘时，顺序不会影响结果。因此，$3 \times x$ 和 $x \times 3$ 指的是同一个数。

与此同时，我们有这样一个约定俗成的规则，那就是我们从不写"$x3$"，而是写"$3x$"。

倒不是说"x3"这种写法不准确，每个人都能明白你的意思，但它仍然是一个错误，类似于"两头老鼠"或者"我懂过了"。这样的错误有点可爱，但别扭拗口。

答案是，x^3。

同样，"x×y×z"有6种不同的写法，每种都对应着不同的形状（见下一页）。但如果试图同时兼顾这6种方式，未免过于耗神。更简单的办法是，选择其中一种并将其作为标准。所以，按照惯例，我们总是按照字母表顺序来书写变量：不是xzy或者yzx，而是xyz。

我喜欢这个规则，因为它甚至不用人专门教授。数学家们会自动采用这个规则，就像流利使用英语的人会说"a big ugly bath toy"（一个又大又丑的洗澡玩具），而不是"a bath ugly big toy"。事实上，正如马克·福赛思（Mark Forsyth）在《修辞的元素》一书中指出的那样，英语中的形容词通常按照特定的顺序排列：评价、尺寸、年龄、形状、颜色、产地、材质、用途。因此，人们会说"a lovely little old rectangular green French silver whittling knife"（一把可爱的、小小的、旧的、长方形的、绿色的、法国产的、银质的削笔刀）。

与此类似，在数学中，数字通常也是按照特定的顺序相乘的：数字、根号、常数、变量。因此，我们会写成 $3\sqrt{2}\,\pi xy^2 z$，而绝不会写成 $zy^2\sqrt{2}\,\pi x 3$（除非存心找碴儿）。

$x=$ 宽度　　　$y=$ 高度　　　$z=$ 深度

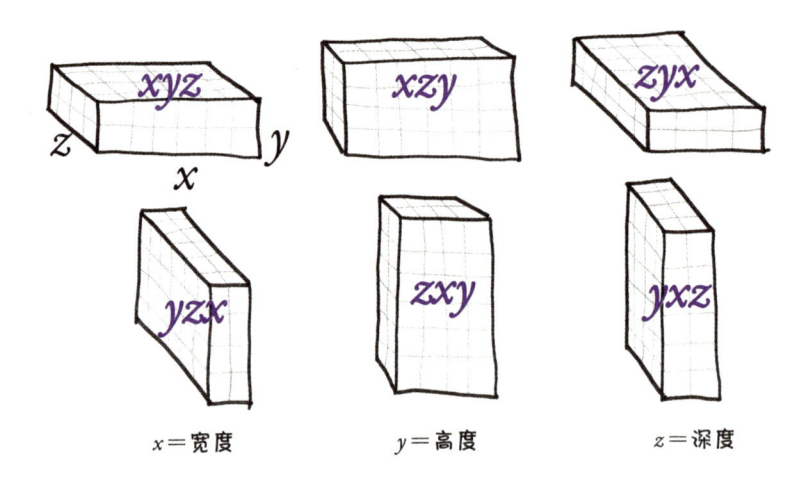

我还能再举几个例子，但我希望这个点已经说清楚了。数学语言有时无关对错。像英语一样，它也有形式问题。

区别在于，在英语中，没有人会弄混事实错误和语言错误。例如，"Dogs can swims"（狗会游泳）：符合事实，但语法不对。"Dogs cannot swim"（狗不会游泳）：语法正确，但不符合事实。但如果这两种错误的区别如此明显，为什么学习数学的人还是难以区分形式错误和内容错误？

人们很容易把责任归咎于像我这样的教育工作者。我们倾向于给出非黑即白的反馈：是/否、真/假、对/错。内容错误（比如把 $3x$ 写成 $3+x$）和形式错误（把 $3x$ 写成 $x3$）会得到同样的判定（错误）和同样的惩罚（扣分）。这就好比父母以同样严厉的态度来回应糟糕的语法 ["I love you, mom"（我爱你，妈妈）] 和糟糕的内容 ["I detest you, Mother"（我恨你，妈妈）]。

你可能会争辩说，我们这样做是为了以最纯粹、最简洁的方式传授数学语言，但结果适得其反：忽视内容和形式的区别，反而会模糊数学语言的本质。

不过，我不会责怪各位老师，也不会责怪学生。在我看来，责任在于数学本身。

"数学"这个词既指一个无形且抽象的思想领域，又指我们用来描述这一领域的语言。它既是那个世界本身，又是描述那个世界的语言；既是符号，又是符号所代表的事物。我们会把这两者弄混，又有什么好奇怪的呢？我可以指着一只猫，借此教会你"猫"这个词，但我要如何指着一个变量呢？我要怎样才能让你明白 x 和 n 都仅仅是名称而已，明白这些词语并不等同于那个数学世界？

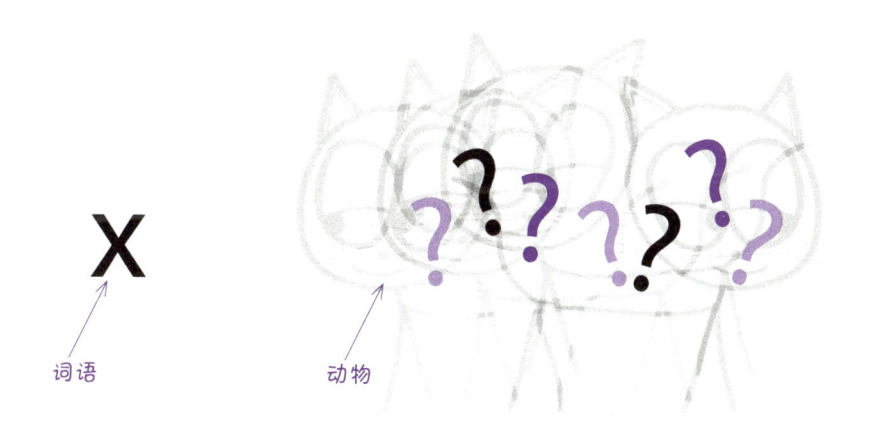

x ↑ 词语

↑ 动物

规则

一节六年级的课快结束时，一个名叫基兰的活泼小家伙举起了手。"虽然你讲的内容我没听明白，"他告诉我，"但我还是能得出正确答案。"他不好意思地笑了笑。

我强忍住没叹气，说道："有什么我能帮你的吗？"

"噢，我不需要帮助，"他说，"只是你总爱讲额外的东西，比如数学题背后的概念。你知道吗，我不会这么做。"

我眨了眨眼，他也眨了眨眼。我们之间一片沉默。

"这样可行吗？"他总结道，"我是说，只要我能找到正确答案，这样可行吗？"

它就明明白白地摆在那儿：那几乎是我当年所教的每一堂课的潜台词。日复一日，我努力阐释那些符号背后的逻辑。日复一日，我的学生们却客客气气地对我的喋喋不休置若罔闻，一门心思专注于符号本身。那个下午之所以特别，是因为基兰打破了"第四堵墙"。他说出了我们仿佛正在参演的那部"影片"的片名。

做数学题时，我们是必须思考其中的概念呢，还是仅仅专注于那些符号就可以了？

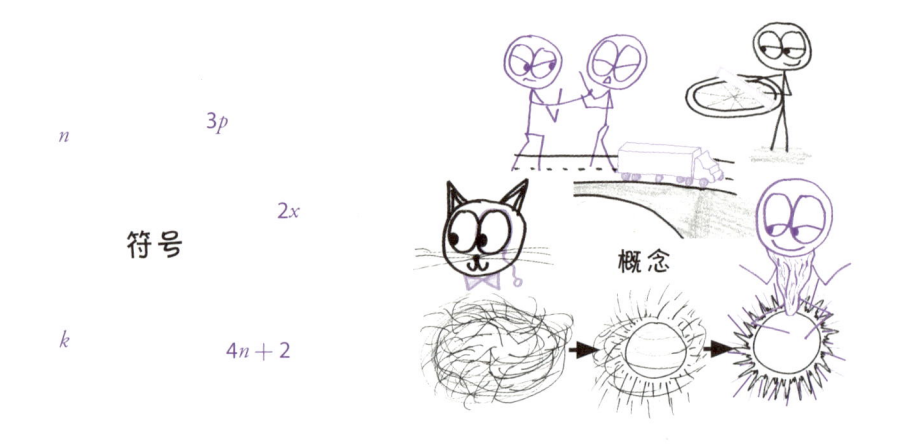

那天，我们正在探究乘法一节中的一条规则：乘法分配律。这是一个关于将较大堆的物品拆分成较小堆的逻辑事实。例如，对于每堆数量为17的物品，你可以把每一堆拆分成一组数量为10和一组数量为7。或者更笼统地说，对于每堆数量为 $b+c$ 的物品堆，你可以把每一堆拆分成一堆数量为 b 和一堆数量为 c。

我们可以把这个普遍真理提炼成一种简洁的符号形式，如下所示：

$$a(b+c) = ab+ac$$

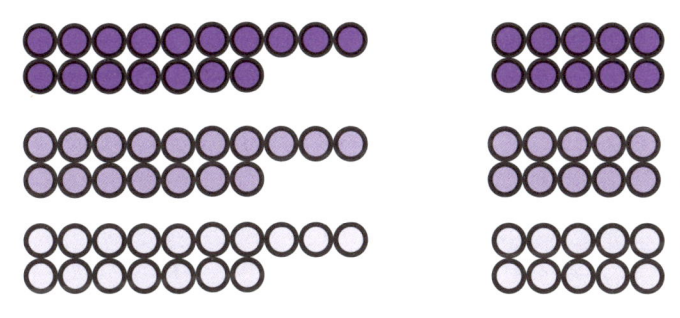

包含17个物品的堆　　　包含10个物品的堆　包含7个物品的堆

唉，简洁的符号形式比听起来更具迷惑性。要不了多久，学生们就不会再把 $a(b+c) = ab+ac$ 当作关于乘法、加法及分组逻辑的深刻真理了。取而代之的是，他们会把它当作一条关于字母和括号的规则，一种符号在纸上如何移动的惯例。他们会得出结论：无论这些符号代表什么意思，$a(b+c)$ 形式的内容都可以替换成 $ab+ac$。

从此以后，他们就会开始自信满满地匆匆写下诸如此类的结论：

$$\log(b+c) = \log(b) + \log(c)$$

$$\sqrt{b+c} = \sqrt{b} + \sqrt{c}$$

$$(b+c)^2 = b^2 + c^2$$

这些等式看起来都很棒，但如果你试着代入几个数字，就会发现没有一个是正确的。

$$\log(1+1) \neq \log(1) + \log(1)$$

（上方标注：0.301、0、0）

$$\sqrt{9+16} \neq \sqrt{9} + \sqrt{16}$$

（上方标注：5、3、4）

$$(2+3)^2 \neq 2^2 + 3^2$$

（上方标注：25、4、9）

学生们费了很大的劲才学会把这些情况识别为错误。但他们很少能理解其中的原因。他们似乎更愿意把每个事实当作关于符号如何移动的额外规则来记忆，当作 $a(b+c) = ab + ac$ 这条初始规则的一系列复杂的例外情况。

老师们把这种方法称为"摆弄符号"。只需在纸上来回移动那些符号，而不必关心它们背后的含义。这是一种机械的数学观，你用这种方式说话，却不知道自己在说些什么。正如大卫·希尔伯特调侃道："数学是一种按照某些简单规则，用纸上无意义的符号来玩的游戏。"这就是"摆弄符号"的精髓所在。语言和意义分道扬镳，这足以让任何一位老师叹息。

但在基兰提出那个问题的几周后，我认识到，并非所有数学家都像我一样对"摆弄符号"抱有这么负面的看法。我向我的父亲（他也是一位数学家）提到我开始写一篇题为《如何在数学课上避免思考》的文章。我还没来得及往下说，他就对这个话题表示了认可。"好极了，"他说，"我总是说，数学教育的重点在于帮助你不用去思考。"

我吓了一跳。"不，"我解释道，"这个标题是一种反讽。"在"我们应该思考吗？"这个问题上，我是坚决支持思考的。

"噢，对，思考很好，"他大度地承认道，"但要一直思考可太难了。"

他（事实上，还有基兰）说得有道理。例如，$(x+1)(x-1) = x^2 - 1$，这是一个代数真理。它背后的原理可以追溯到多次使用乘法分配律;从这个角度来讲,你完全可以用分组重新排列的方式来解释这个等式。但尝试这种方式就如同攀登陡峭的悬崖一样困难。

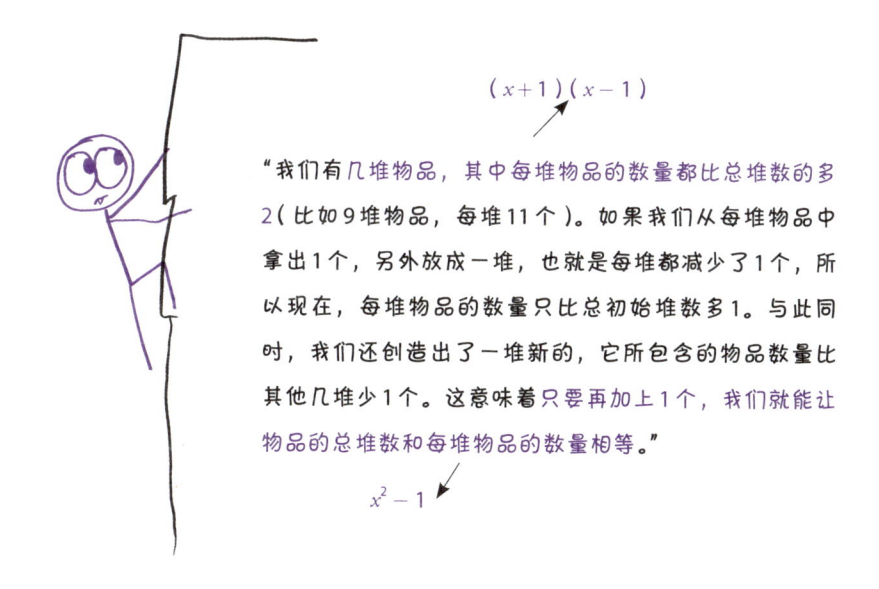

$(x+1)(x-1)$

"我们有几堆物品,其中每堆物品的数量都比总堆数的多2(比如9堆物品,每堆11个)。如果我们从每堆物品中拿出1个,另外放成一堆,也就是每堆都减少了1个,所以现在,每堆物品的数量只比总初始堆数多1。与此同时,我们还创造出了一堆新的,它所包含的物品数量比其他几堆少1个。这意味着只要再加上1个,我们就能让物品的总堆数和每堆物品的数量相等。"

$x^2 - 1$

爬得好艰难!偶尔锻炼能让人精神焕发,但肯定不能作为早间通勤方式。这正是我父亲说的观点:思考是好的,但一直思考可太难了。

"思考活动,"英国数学家阿尔弗雷德·诺思·怀特海写道,"就像战场上的骑兵冲锋——他们的数量非常有限,他们需要精力充沛的马匹,而且只能用在决定性时刻。"

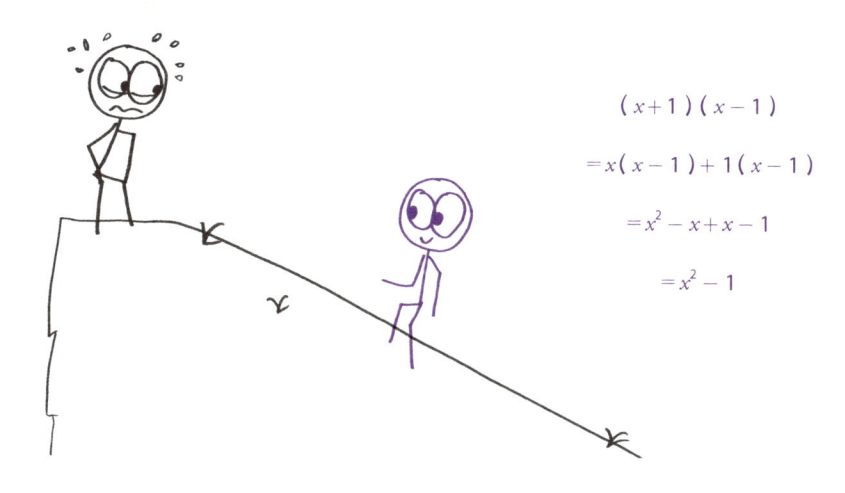

$$(x+1)(x-1)$$
$$= x(x-1) + 1(x-1)$$
$$= x^2 - x + x - 1$$
$$= x^2 - 1$$

在这种情况下，我们还不需要派出骑兵。那些单纯移动符号的人，仅仅思考字母和括号，就能毫不费力地在几步之内得出同样的结果。

摆弄符号并非一种作弊手段或取巧之法，它是一种设计原理。"我不知道我是怎么开始摆弄它们的，"凯伦·奥尔森这样描写自己年轻时与符号的邂逅，"我怎么就轻易地迷失在了一页纸上——一个事物的表象有时似乎比事物本身更具吸引力。"

纵观数学史，符号之所以常常大受欢迎，正是因为它们适用于简单的机械规则。可以说，我们之所以选择这些符号，正是为了把它们挪来挪去，由此得出正确答案，不需要洞察力，不需要灵光一闪，除了刻苦努力，不需要其他任何东西。只需转动"曲柄"①，新的知识就会冒出来。

你能想象如果英语也以这种方式运作，会怎样吗？例如，一件物品的名称代表它的实际大小，这样吉娃娃（3个字）的大小是牛（1个字）的3倍。食物的名称中暗藏着它们的制作方法，这样比萨就会更名为"面团酱料加芝士烤"。化学将成为一个无聊但安全的学科，因为我们做实验时只需把各种化学物质的名称拼在一起，看看哪些组合能拼成"爆炸"。

挪符号将逻辑法则简化为语法规则。数学语言变成了现实的等比模型。我们只需摆弄书写符号，就能处理各种概念。

那么，到底谁是对的，是我还是基兰？答案是，我们都对。使用数学的语言就像是在两个世界之间来回穿梭，要处于两种截然不同的思维状态：思考带来的艰难而又美妙的乐趣，以及摆弄符号时无意识的恍惚状态。没有书写符号，那些概念就会让人困惑不解；但没有那些概念，书写符号就毫无意义。学习逻辑，要学得透彻，然后就可以暂时抛开思考，让纸上的符号随着脑海中无声的旋律舞动起来。

---

① 这里的曲柄是一个比喻性的说法，借指无须深入理解原理，仅通过机械性操作或套用规则就能产出的过程。

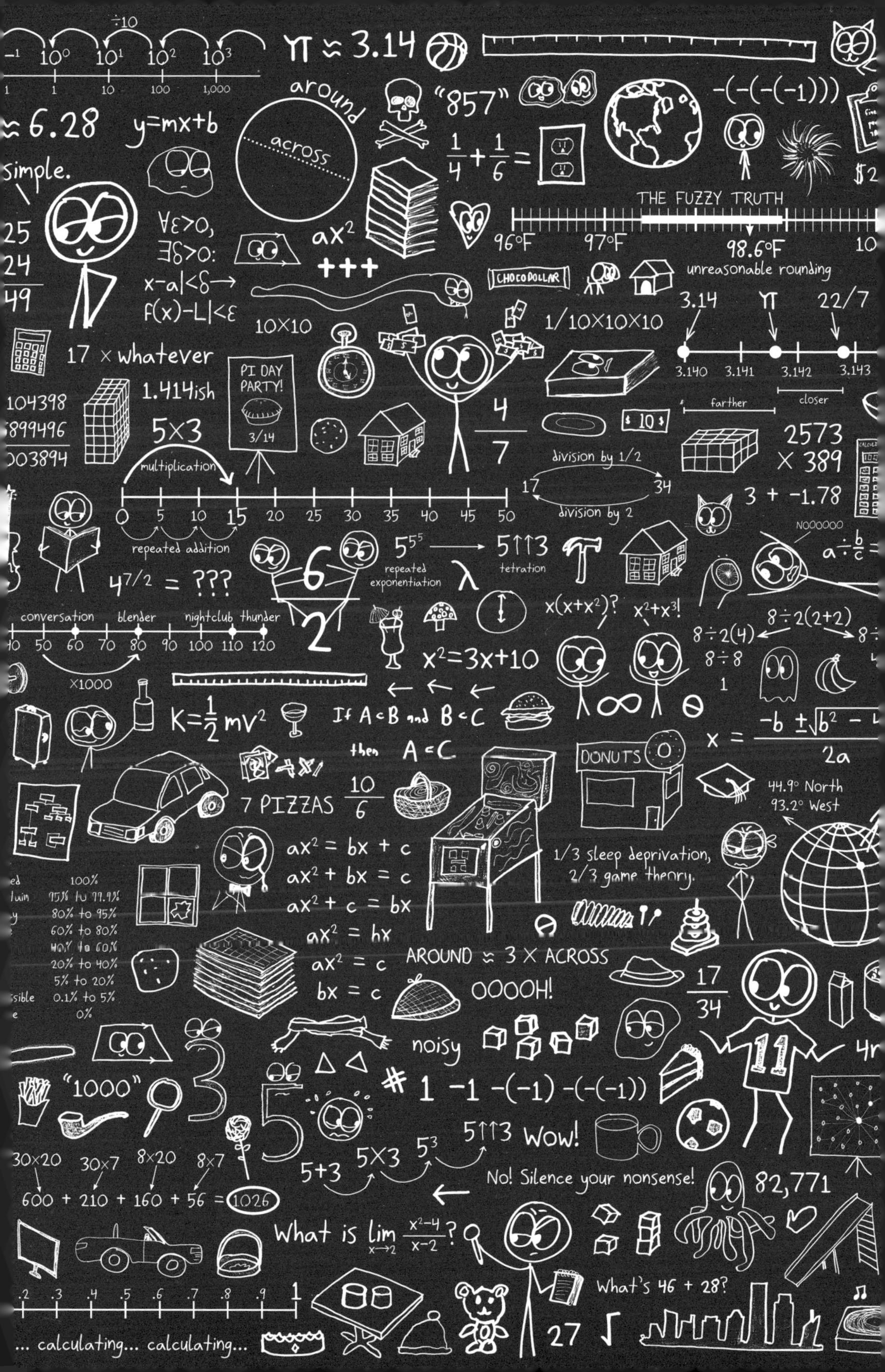

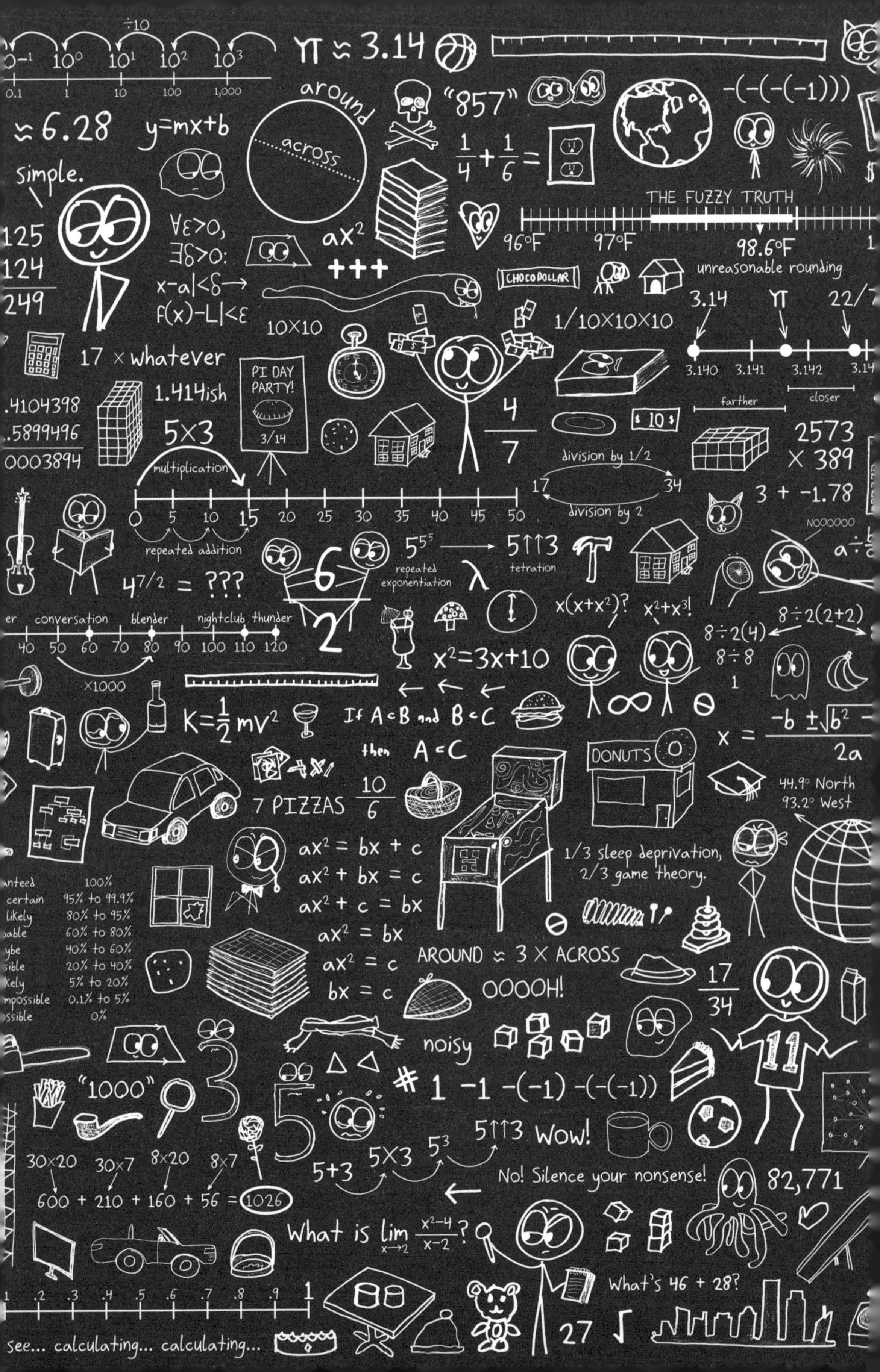

第四部分

常用语

本书的数学词汇指南

虽然这本书差不多要收尾了,但我还没有将完整的数学语言传授给你,比如我们略过了矩阵乘法、矩阵转置、矩阵群、有关矩阵的双关语。实际上,整个关于矩阵的概念都没讲。同样,我们也没有涉及微分、积分、非标微积分、肾结石[①],以及(我刚刚想起来了)几何学。也就是说,所有的几何知识都没讲。看起来,精确到最接近的百分点的话,我教给你的数学知识几乎为零。

别担心,我的朋友。这正是我的计划。这本书可不是介绍数学世界的百科全书,而只是对用于探索数学世界的语言的一个简短介绍。我们一起站在岸边,造了一艘小船,而在大洋中绘制航海图的任务就交给你了。

不过,在你扬帆起航之前,我要送你一件临别礼物,它比任何船舵或罗盘都更珍贵:一本关于我们数学圈里的玩笑话的指南。

如果你曾结识一位数学家,或许就会留意到我们那独特的说话方式。哪怕是最平常的交谈,我们也会夹杂着学术行话,使之增色不少。当春天来临

---

① 结石和数学里的"微积分"(calculus)是同一个单词,这里是作者有意为之的一个双关。

时，我们会说："天气的变化并非单调递增，但确实是在逐渐好转。"或者在比较两家餐馆时会说："我更喜欢那家新开的，但它的菜品选择变化性更大。"又或者在家具店里迷路后会说："我就是搞不懂宜家布局的拓扑结构。"

数学语言的出现是为了给抽象关系命名。这使得它既极其精确，又具有很强的通用性。它能做出清晰的专业区分，又几乎适用于一切场合，甚至包括那些看起来完全不涉及数字或形状的地方。

正因如此，我们所用的一些短语有时会融入大众词汇中。例如，"指数级"已被广泛采用，用于形容"增长得非常快"。这是一种比较粗略的用法，但它抓住了这个术语的精髓。与此类似，"拐点"现在常被用来形容"某种趋势真正开始迅速发展的时刻"（这几乎与它在数学上的含义相反，但管它呢）。甚至还有一颗冉冉升起的"新星"："正交"。其专业含义是"垂直的"，"不相干"勉强可以算它的近义词。不管怎样，当一位律师在口头质证时使用这个术语时，会让美国高等法院的法官们连声赞叹。

"这是一个循环，"迈克尔·珀尚表示，"数学吸纳语言，赋予它新的含义，然后又将它反哺回大众的日常用法中。"

在本书的最后一部分，我邀请你加入这个循环。要在精确的数学语境中解释每一个术语，恐怕需要一摞厚厚的书才行。但如果只是稍稍领略一下这些术语的韵味——让你能理解数学圈里的那些玩笑话的精髓，我相信我们只需松散编排几个不太严谨的主题下的几十幅漫画，就能做到这一点。

增长与变化

人们常说，变化是唯一的不变。季节更替，帝国兴衰，孩子们的衣服隔不了多久就穿不上了。谁能为这个不断变化、流动的世界提供一套词汇呢？哲学家，诗人？哦，拜托，他们和我们一样惊恐和困惑。如果我们想要精确地描述这些变幻莫测的情况，只有一个地方可以提供帮助，那就是如冰晶般明晰的数学。

δ（delta）——名词。两件事之间的变化或差值。

跳跃间断点（jump discontinuity）——名词。突然的跳跃或变化，略过了中间步骤。

混沌（chaotic）——形容词。高度不可预测，因此几乎相同的起点可能会导致大不相同的结果（不同于它在英语中的标准用法）。

指数的（exponential）——形容词。快速增长，更准确地说，每隔一段固定的时间就翻倍。

导数（derivative）——名词。事物的变化率：可以是正数（代表在增长）、负数（在缩减），或者零（没有变化）。

误差和估计

数学家们并不总是正确的。要是你曾见过我直直地撞上停车计时器,你可能会怀疑数学家压根儿就没做对过任何事。事实介于两者之间:数学家和其他任何人一样容易犯错,但他们有一种本事,能知道什么时候最有可能出错,还能区分大错和小错。你或许可以说,数学家的独门绝技在于他们拥有丰富且生动形象、用以描述错误的词汇。

ε(epsilon)——名词。微小的变化或差别。

> 好啦,我们还没找到酒店,但我相信,我们比1个小时前近了 ε!

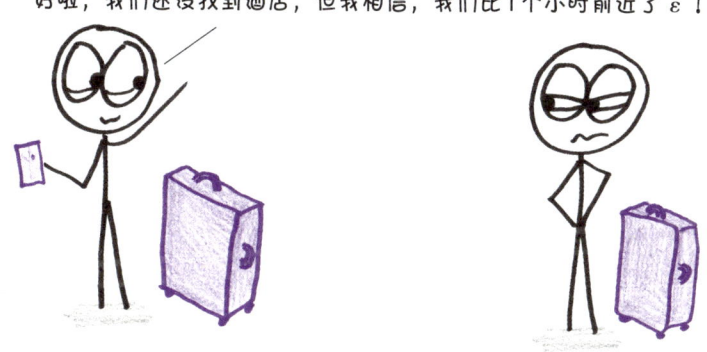

一阶近似(first-order approximation)——名词。一个有用的起点,理解某物粗略但有用的第一步。

> 那么……所有亿万富翁都是漫画书中的大反派?
>
> 作为一阶近似,没错。

符号错误（sign error）——名词。把负号误写成了正号，反之亦然。

> 哎呀，我记得你特别喜欢或者讨厌它，但我犯了符号错误。

> 啊……你把一整个菠萝比萨都吃了？我说过那是我最喜欢的！

点估计（point estimate）——名词。更接近猜测。

> 你还有多久才到？不，我不要听你的整个人生故事，给我一个点估计就好。

第四部分 常用语：本书的数学词汇指南　　207

置信区间（confidence interval）——名词。包括真实值在内的给定概率的范围。

避重就轻说说（handwave）——动词。忽略严格的技术细节，只捕捉精髓。

优化

21世纪人类的悲惨处境是，我们总试图让事情变得更好：更快的旅行、更美味的晚餐、更可爱的狗。我们的生活永远在奋斗，也就是说，永不满足。人不该这样活——但如果非要这样的话，我们至少得理智地把事情说清楚。

优化（optimize）——动词。使某个目标变量尽可能变大（或者小）。

> 好啦，时间不早了。随便挑一部电影就好。

> 不！我们必须优化自己的享受和放松！

目标函数（objective function）——名词。你试图使之最大化或最小化的对象。

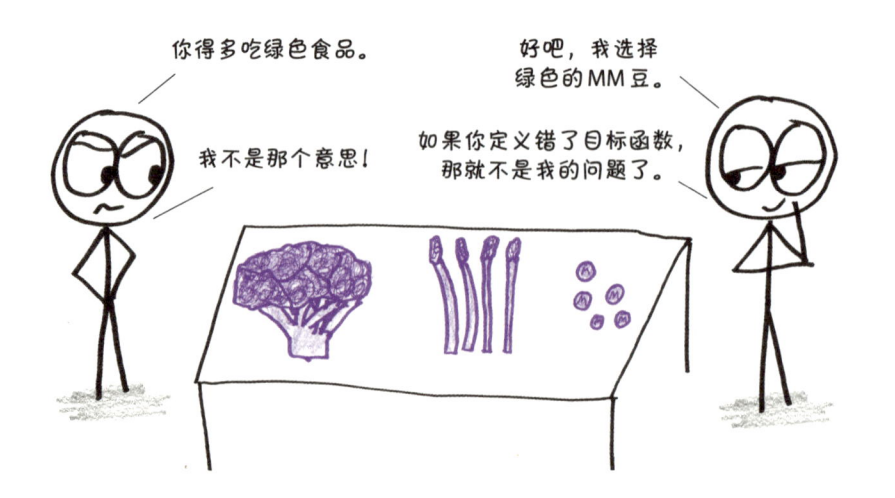

> 你得多吃绿色食品。

> 我不是那个意思！

> 好吧，我选择绿色的MM豆。

> 如果你定义错了目标函数，那就不是我的问题了。

约束（constraint）——名词。对被考虑选项的限制。

我们家孩子什么都吃，唯一的约束是，食物必须和"秃头鱼干"押韵。

它没做成鱼的形状……

超定的（overdetermined）——形容词。约束过多导致没有解决方案。

所以你是素食主义者，她麸质过敏，他想吃比萨……好吧，午餐现在正式超定了。

哇哦！比萨！

全局最优（global optimum）——名词。我们能做到的最好程度；最高的山顶。

我受够了其他味道的冰激凌。薄荷巧克力脆片就是全局最优。

局部最优（local optimum）——名词。在没有重大变化的情况下，我们能做到的最好程度；一个山顶，但不一定是最高的那个。

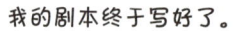

（漫画对话：）
- 那你满意吗？
- 我的剧本终于写好了。
- 不太满意。我是说，它达到了局部最优，但我已经快累死了。

梯度下降（gradient descent）——名词。通过一系列微小的改进寻求局部最优的过程。

（漫画对话：）
- 我需要你的辣酱菜谱。
- 没有菜谱！我就是往锅里扔了一些豆子，然后梯度下降加调料。

答案和方法

我们所有人都需要解决问题，无论是工程师、糕点师还是全职父母。

但面对如此千差万别的挑战,比如桥梁倒塌、舒芙蕾塌陷、蹒跚学步的幼儿哭闹不止,我们很难找到一种通用的方法。这就轮到数学家登场了。我们需要的并非他们解决问题的高超本领,而是他们描述问题(最好还有解决方案)的细腻语言。

算法(algorithm)——名词。解决一种特定的问题的系统性方法。

启发式方法(heuristic)——名词。一种快速而有用的方法,但往往不完美。

穷举（brute-force）——动词。通过系统性尝试每一种可能性来解决问题。

巧妙（elegant）——形容词。简单且高效；穷举的反义词。

逆问题（inverse problem）——名词。对于一种给定效应，确定其原因的问题。

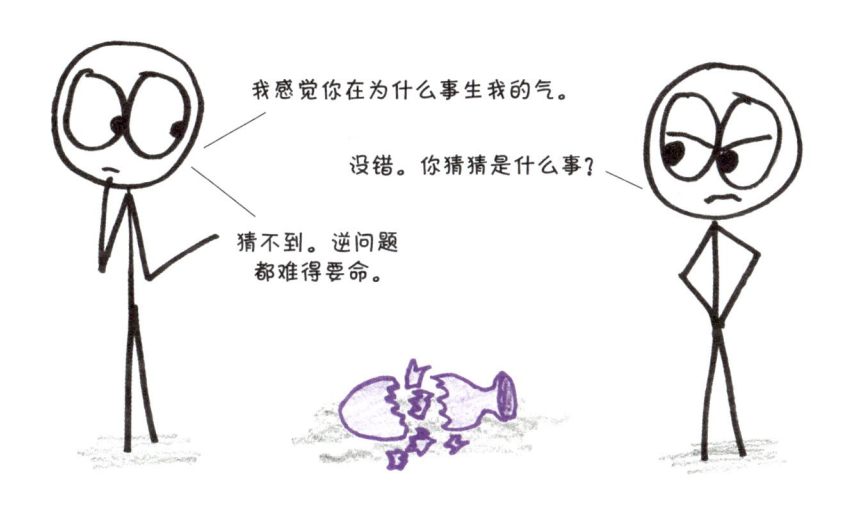

形状和曲线

本书专注于代数,却忽略了数学的另一个截然不同的一面:几何。前者源于数字思维,后者则基于空间思维。数学的奇妙之处就在于,代数与几何相互交融,长出一棵看似不可能的"树",它只有一根树干,却拥有两个不同的根系。数字可以用空间的角度去理解,而空间也可以通过数字来剖析。无论如何,有些几何概念非常有用(而且匪夷所思),不容错过。

高维的(high-dimensional)——形容词。有许多方面要考虑。

测地线（geodesic）——名词。两点之间的最短路径。不一定是直线。

你应该让她上床睡觉，为什么还在玩"骑大马"游戏？

相信我。在孩子的几何世界中，这是上床睡觉的测地线。

非欧几里得的（non-Euclidean）——形容词。不遵从人们所熟悉的几何规则。

往上？我以为我们要去一楼。

没错啊。对不起，这幢楼的高度是非欧几里得的。

第四部分　常用语：本书的数学词汇指南　　　215

莫比乌斯带（Möbius strip）——名词。一个只有一面的表面，所以它的前后是一个面，可以通过扭转一条纸带并把两端粘到一起来获得。

非线性（nonlinear）——形容词。不遵从一个简单的比率，在不同的时间以不同的速率变化。

无限

可以激发大众想象力的数学概念不多。但有一个概念成功"出圈":神学家的教义、诗人的华章和孩子的俏皮话里都有它的身影——无限。对数学家来说,无限不仅仅是一个概念,它有着不同的用途、不同的含义,甚至不同的"大小"。"无限"不仅仅是一个词,它代表着一整套术语体系。

无上界(unbounded above)——形容词。没有天花板,能升得越来越高,越来越高。

无下界(unbounded below)——形容词。没有地板,能降得越来越低,越来越低。

第四部分　常用语：本书的数学词汇指南　　　　　　　217

稠密的（dense）——形容词。无所不在，存在于每个角落和缝隙中。

> 他总这样吗？

> 噢，是的，尴尬形成了一个稠密的集合。任何两个难堪之间总有另一个难堪。

可数的（countably many）——形容词。在无限的数学等级中，最小的一种无限。

> 呃，你的软件有，嗯，无限多的漏洞。

> 是的，但仍是可数的！

不可数的（uncountably many）——形容词。一种更大的无限。

> 我应该在这个框里打钩，订阅他们的快讯吗？

> 你想体验有限的收件箱里有不可数封邮件吗？如果想，就打钩吧。

渐近（asymptotically）——副词。随着永恒的展开而深入（用于描述一个我们不一定到达，但逐渐接近的结果）。

你和你的前任似乎相处得好多了。

噢，是的。我们甚至可能渐近成朋友。

集合

几乎所有事物都由集合组成。美国是50个州的集合，披头士乐队的专辑《艾比路》是17首歌的集合，7月是31天的集合。因此，即使是最简单的动作，比如你为夏天横跨美国的公路旅行创建一个披头士歌曲的播放列表，也秘密地涉及数学中的集合理论。幸运的是，数学家们已经发展出了一种简洁有力的语言来描述这类事物的集合。

第四部分　常用语：本书的数学词汇指南　　219

空集（empty set）——名词。不包含任何元素的集合。

不是我挑剔。我只想要一个情绪稳定、相貌中上，没什么讨人厌毛病的对象。

啊，那你只能跟空集里的人约会了。

子集（subset）——名词。被一个更大集合包含的较小集合。

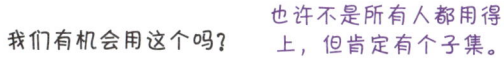

我们有机会用这个吗？

也许不是所有人都用得上，但肯定有个子集。

如果A＜B、B＜C，
那么A＜C

并集（union）——名词。两个集合融为一体。

哇哦，要是弄混了电影《星际迷航》和《星球大战》，你激怒的可不是一群粉丝，而是两群粉丝的并集。

交集（intersection）——名词。同时属于两个集合的元素。

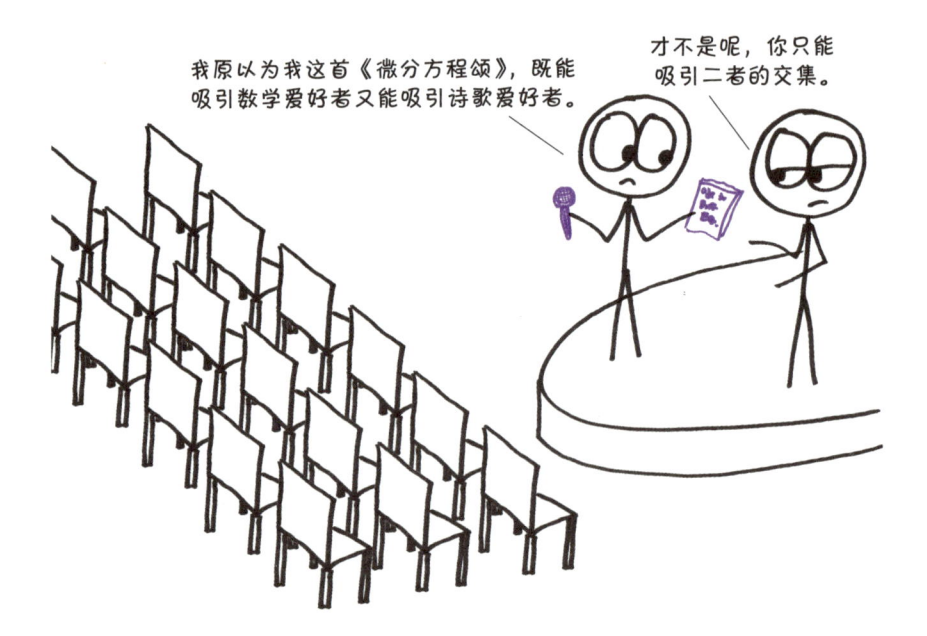

我原以为我这首《微分方程颂》，既能吸引数学爱好者又能吸引诗歌爱好者。

才不是呢，你只能吸引二者的交集。

第四部分　常用语：本书的数学词汇指南　　221

不相交（disjoint）——形容词。完全独立，没有重叠。

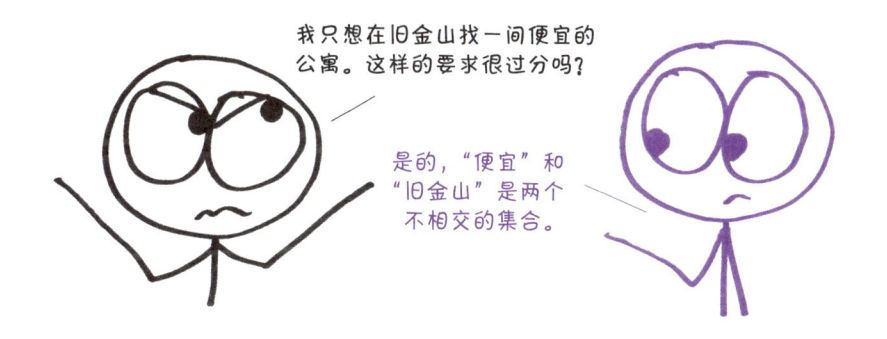

我只想在旧金山找一间便宜的公寓。这样的要求很过分吗？

是的，"便宜"和"旧金山"是两个不相交的集合。

排列（permutation）——名词。一种安排或重组元素的方式。

这场婚礼就是排不出理想的座位表。

是啊。怎么排列都会打起来。

在某种操作下闭合（closed under an operation）——形容词短语。对于一个集合，如果通过这种操作将两个元素结合起来，其结果仍属于该集合。

两个这么好的人怎么会生出一个这么讨厌的孩子？

哎呀，好人的集合在孕育后代面前并不闭合。

逻辑与证明

定理是数学家独有的产品：一种毋庸置疑、已被证明为真的陈述。证明定理是数学家存在的根本理由：事实上，曾有人（阿尔弗雷德·雷尼[①]）这样描述数学家，说他们是"一台将咖啡转化为定理的机器"。在德语里，这句话更妙，因为"Satz"一词有"定理"和"咖啡渣"两种意思。如此一来，数学家就将咖啡变成了咖啡渣。所以，如果你想和数学家一起喝咖啡，那么了解证明的语言至关重要。

公理（axiom）——名词。 一种基本的假设，几乎算是一种信仰。

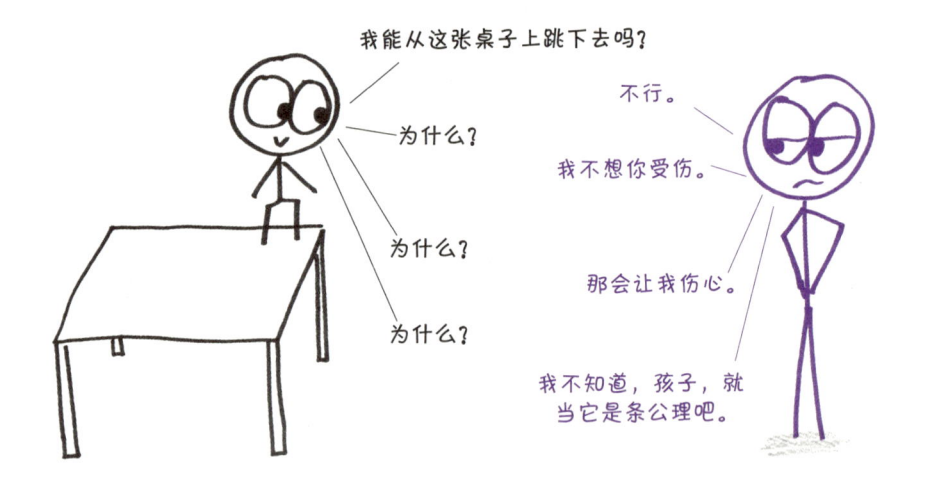

[①] 阿尔弗雷德·雷尼（Alfred Renyi，1921—1970），匈牙利著名数学家、数理统计学家，概率论、数理统计、信息论和其他一些数学分支的创新者。

第四部分　常用语：本书的数学词汇指南　　　223

猜想（conjecture）——名词。一个被提出的、可能为真，但尚未得到证明的陈述。

> 我猜想，他跟她约会只是为了去她家地下室玩弹球机。

反例（counterexample）——名词。一个能够推翻既有规则的例外。

> 任何时长超过2个小时的喜剧电影都是在浪费我的时间。
>
> 《热血警探》①时长2小时零1分钟。
>
> 好吧，这个反例很有说服力。

---

① 由埃德加·赖特执导，西蒙·佩吉、尼克·弗罗斯特等主演的动作喜剧电影，于2007年4月20日在美国上映。

定理（theorem）——名词。已被证明为真的规则。

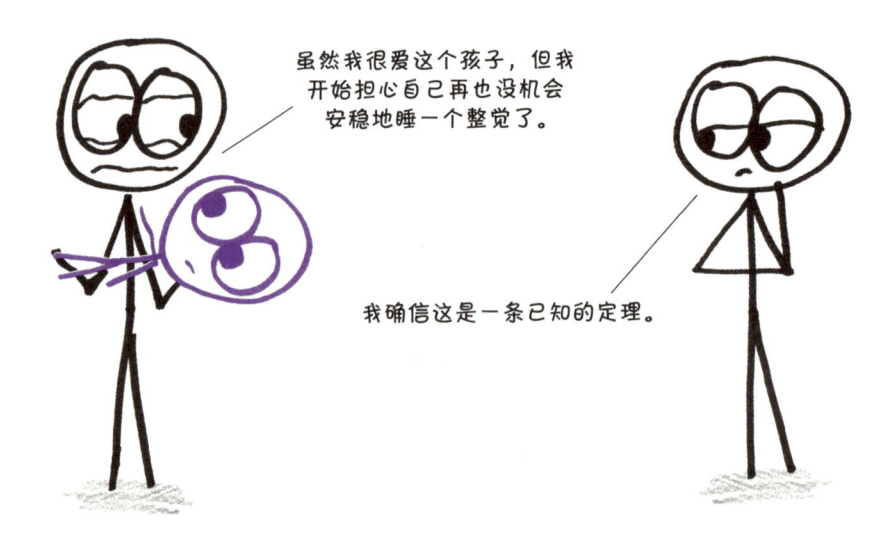

虽然我很爱这个孩子，但我开始担心自己再也没机会安稳地睡一个整觉了。

我确信这是一条已知的定理。

构造性的（constructive）——形容词。包含关于如何创建或发现找到某物的精确指令。

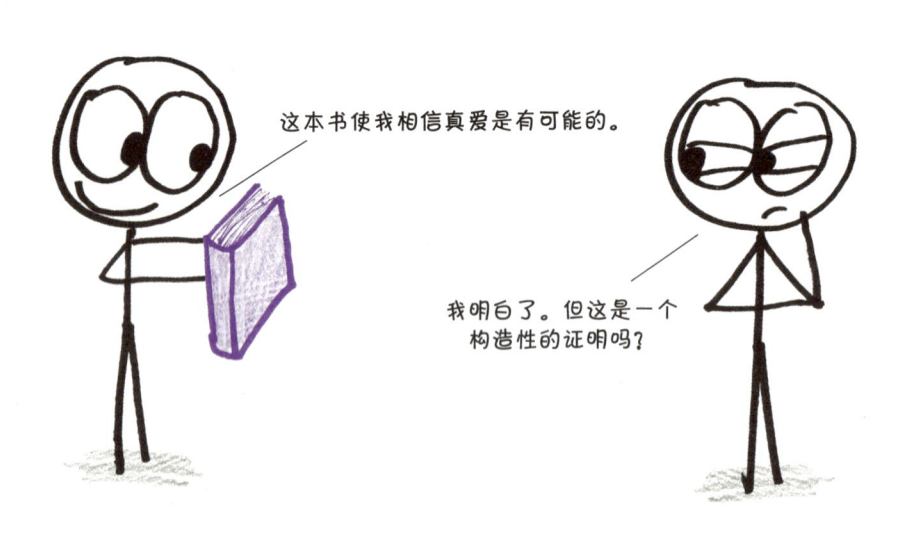

这本书使我相信真爱是有可能的。

我明白了。但这是一个构造性的证明吗？

存在定理（existence theorem）——名词。证明某物存在，但并未阐明如何寻找它，或者去哪里寻找。

可是，那个人在哪儿呢？

外面总有适合你的人。

不知道啊。这是一条存在定理。

推论（corollary）——名词。一个作为另一个事实的明显结果的事实。

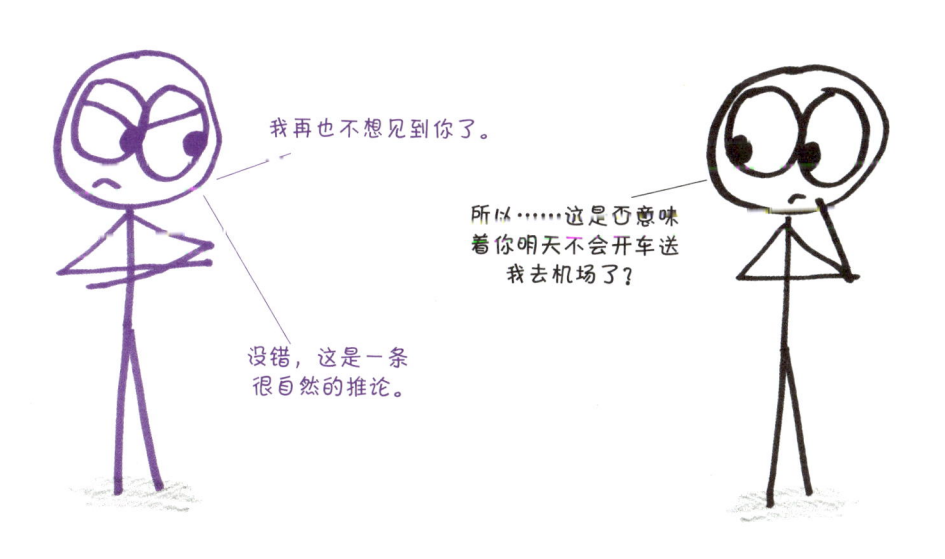

我再也不想见到你了。

所以……这是否意味着你明天不会开车送我去机场了？

没错，这是一条很自然的推论。

证毕（QED）——叹词。一种戏剧化的宣言，用于结束一场无可辩驳的论证。拉丁语"quod erat demonstrandum"的首字母缩写，意思是"证明完毕"。

> 你真觉得大猩猩比人类聪明吗？

> 它们毕竟是睡在星空之下的健壮的裸体素食主义者。证毕。

真理与矛盾

我最喜欢的关于"数学"的定义来自英国华裔数学家郑乐隽，她曾说数学是运用逻辑规则对任何遵循这些规则的事物所进行的研究。在我看来，这真是至理名言。数学的本质并非数字、运算、图形或方程，而是逻辑推理：它所研究的并非什么为真，以及什么为伪，而是各种可能的事实之间是如何相互关联的。如果这听起来有点儿抽象且缥缈，那么没错，的确如此——恰恰正是这一点使得数学术语在各行各业中都极为有用。

反证法（proof by contradiction）——名词。一种论证方式，先假定与你想证明的命题的相反情况为真，然后揭示这种相反情况是完全错误的，从而证明原命题。

悖论（paradox）——名词。一种显而易见的矛盾：两个声明看起来都为真，但在逻辑上不可调和。

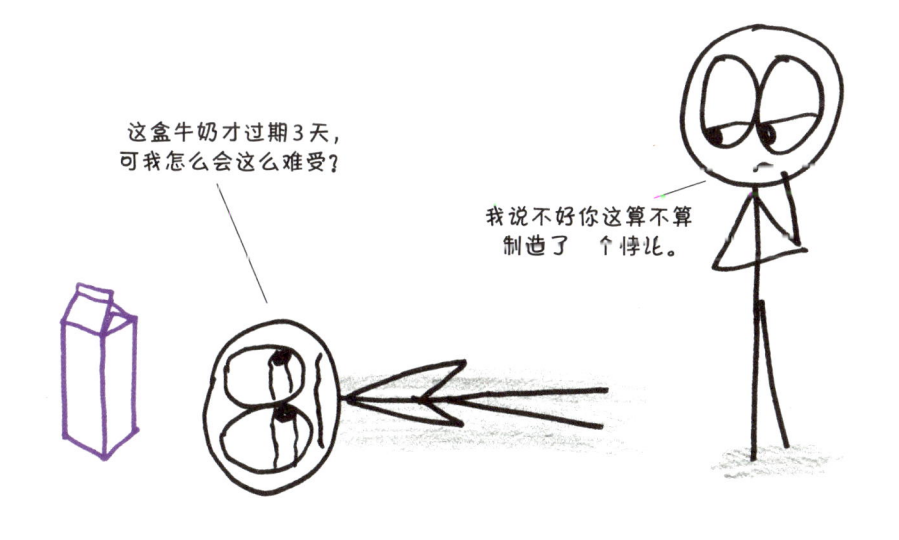

同义反复（tautology）——名词。一种自我证明的声明；某种从定义上为真的东西。

我才不会从那些拒绝卖给我东西的商店购物。

没错，我相信他们拒绝你的时候脑子里想的正是这样的同义反复。

更广泛（stronger）——形容词。（指某一陈述）比另一陈述涵盖范围更广；包含了另一陈述的所有隐含意义，甚至还有更多（内涵）。

你讨厌课本？

不，你说的比我要表达的更广泛。我只是讨厌我读过的每一本课本。

不失一般性（without loss of generality）——副词。实际上，"虽然我现在讨论的是一个具体的场景，但我所说的内容适用于所有场景"。

特例（special case）——名词。普遍规则的特殊例子；可能有一些独特的地方，但最终还是遵从更广泛的模式。

推广（generalize）—— 动词。适用（或者可应用）于更广泛的情境。

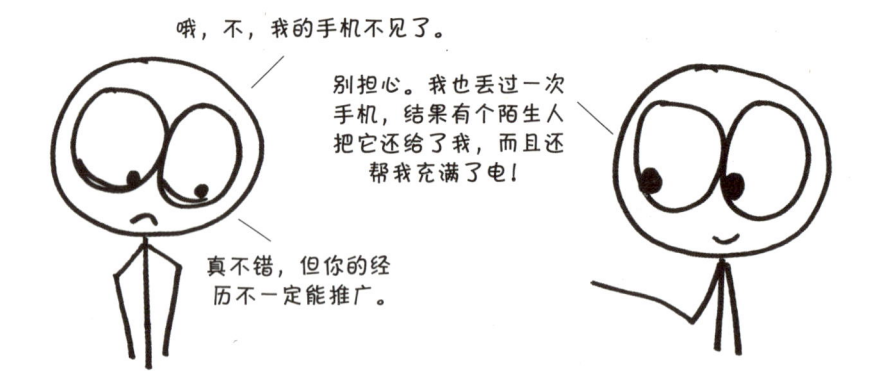

> 哦，不，我的手机不见了。

> 别担心。我也丢过一次手机，结果有个陌生人把它还给了我，而且还帮我充满了电！

> 真不错，但你的经历不一定能推广。

任意（arbitrary）——形容词。尚未确定或指定的；也可以表示"一般的、通用的"。

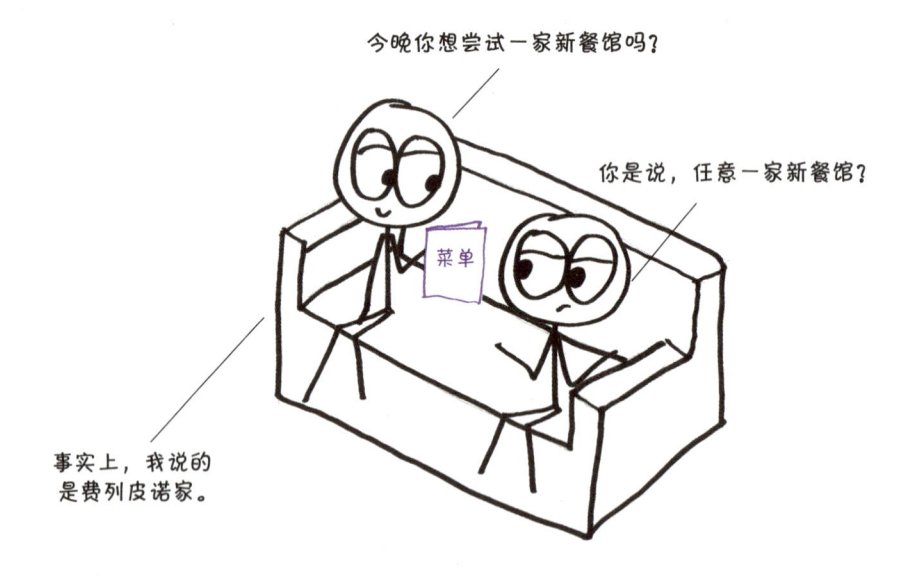

> 今晚你想尝试一家新餐馆吗？

> 你是说，任意一家新餐馆？

> 事实上，我说的是费列皮诺家。

可能性的大小

本·富兰克林曾打趣说，世上没有什么是确定无疑的，除了死亡和税收。如今，那些脾气古怪的亿万富翁不惜花费重金试图延缓死亡，还非法耗费大量钱财来逃避纳税，使这两者似乎也变得不那么确定了。面对这样一个没有什么是绝对确定的世界，我们该怎么办？很简单：我们要把有可能发生的事和不太可能发生的事区分开来，把概率大的事和概率小的事区分开来。我们要学会分辨"可能"的上百种含义，以及"或许"的上千种细微差别。简而言之，我们要学会谈论概率。

概率（probability）——名词。可能性。

概率-中文对照词典

绝对	100%
几乎可以肯定	95%~99.9%
很可能	80%~95%
可能	60%~80%
也许	40%~60%
没准儿	20%~40%
不太可能	5%~20%
几乎不可能	0.1%~5%
不可能	0%

零概率（probability zero）——形容词。这在技术上是可能的，但永远不会发生。

你觉得你的家人会准时到达吗？

我认为这是一个概率为零的事件。

贝叶斯先验（Bayesian prior）——名词。指的是在收集任何信息之前你恰好所秉持的信念。

你跟他说过话吗？

没。他长得很好看，所以按照我的贝叶斯先验，他肯定是个蠢货。

更新（update）——动词。基于新的信息修正你的信念。

不，幽灵女士，我仍然不认为这所房子闹鬼。但我承认，我们的谈话让我更新了自己先前的看法。

随机（stochastic）——形容词。"随便"的正式说法。

所以你的电影评分网站只是随便打分吗？

我不会这样说。但是，这个过程多少有些随机。

以……为条件（conditioned on）——形容词。暂且假定某件事为真，即便它实际上并非如此。

你会来参加我的生日晚宴吗？

不会。

如果我那个有钱的叔叔请客呢？

以此为条件的话，我当然去。

因果关系与相关性

生命中最深奥的谜团归根结底都可以用一个词来概括：为什么。为什么巧克力味可颂如此酥脆可口，堪称完美呢？然而，为什么我才吃了三四个就觉得腻了？是那些可颂导致我不舒服的，还是难受的感觉驱使我将身体的不适归咎于可颂？数学或许无法提供所有问题的答案，但它拥有一套完美的语言来构建这些问题：能够区分相关性（两件事有关系）和因果关系（一件事导致另一件事的发生）。

相关的（correlated）——形容词。对于两个变量，当其中一个变量大于（或小于）其平均值时，另一个往往也随之变大（或变小）。

成比例的（proportional）——形容词。对于两个变量，完全相关，所以如果其中一个翻倍，另一个也会翻倍。

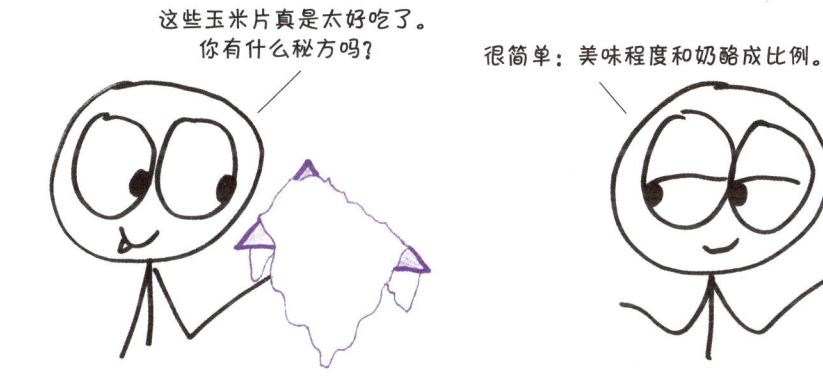

> 这些玉米片真是太好吃了。你有什么秘方吗？

> 很简单：美味程度和奶酪成比例。

负相关的（negatively correlated）——形容词。对于两个变量，当其中一个变大时，另一个会变小。

> 这太棒了！我们为什么不一起去听更多音乐会呢？

> 因为你的口味与我的是负相关的。

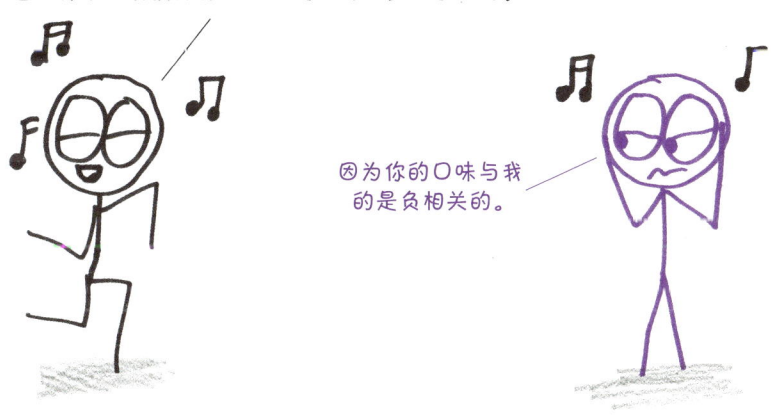

零相关（zero correlation）——名词。两个变量之间完全没有关系。

别相信她。我有一种直觉。

你的直觉与现实零相关。

你们好呀！

正交的（orthogonal）——形容词。与手头的问题无关。

我们就雇这几个顾问吧，他们的头发很漂亮。

恐怕这和他们知不知道自己在说什么这个问题是正交的啊。

数据

那些喜欢咬文嚼字的人——愿他们一起安好，总爱告诉我们"数据"（data）是复数形式，其单数形式是"datum"。因此，你不应该把"数据"当成"糖"或者"行李"那样的不可数名词来使用，比如你不能说"数据让那些公司完全掌控了我的生活"，而应该把它当成"杯子"或"桶"之类的复数名词来用，要说"这些数据让那些公司完全掌控了我的生活"。不管怎么说，我认为，这种顾虑纯属多余：重点在于，我写下这些文字的时候已经是21世纪20年代初，事态正在变得越来越清晰，即我们将在一个属于数据的世纪里度过余生。

方差（variance）——名词。不可预测性；多样性。

> 我承认，这些麦芬的方差很高，但伟大的烘焙师必须冒险。

n——名词。采集数据所涉及的人数；(在其他条件不变的情况下) n 的数值越大，结果就越可信。

> 大家都讨厌你的新衣服。
>
> 喊，那只是你的意见。
>
> 才不是呢，看，全城的人都在这份请愿书上签了名。
>
> 好吧，我承认这个 n 还挺大的。

均匀分布（uniformly distributed）——形容词。指所有的值出现的可能性都相等。

高于平均值的标准差（standard deviations above the mean）——复数名词。高于平均水平的程度：1是还不错，2是很好，3是非常好，4是好得爆表。

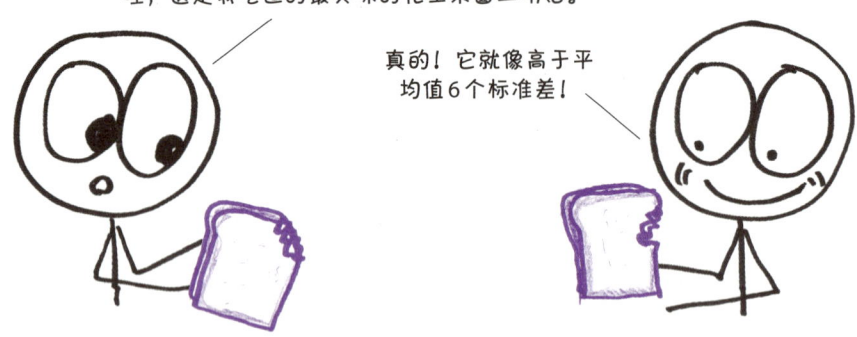

第四部分　常用语：本书的数学词汇指南　　　　　　　　　　　　　　239

有代表性的（representative）——形容词。对一个小群体而言：与它所属的那个更大的群体相似。

> 万圣节我们才不发咸甘草糖呢，没人爱吃。

> 这不是一个具有代表性的样本！

> 你怎么敢这么说！我的兄弟姐妹们都爱吃，包括我！

受干扰的（noisy）——形容词。对一个结果或结论而言：被随机概率影响或塑造。

> 刻苦努力的人就能过得更好吗？

> 从某种程度上说，没错，但成功是一个会受干扰的系统。

零假设（null hypothesis）——名词。默认假设；某种被假定为真实的情况，除非我们找到令人信服的相反证据。

博弈与风险

尽管博弈论这一数学领域最初是作为剖析简单概率游戏的一种方法而诞生的，但如今它已发展成了一个更为庞大的体系：一个用于分析任何形式的策略性互动的框架，无论这种互动涉及的是相互竞争的运动员、求偶中的蜥蜴、相互角逐的企业，还是开展星际旅行的文明。正因如此，博弈论的相关理论和术语不仅能帮助你在扑克之夜不再输牌，还能让你在谈论各种各样的话题时显得头头是道（当然，还是可能会输牌）。

博弈论（game theory）——名词。研究策略性互动的数学。

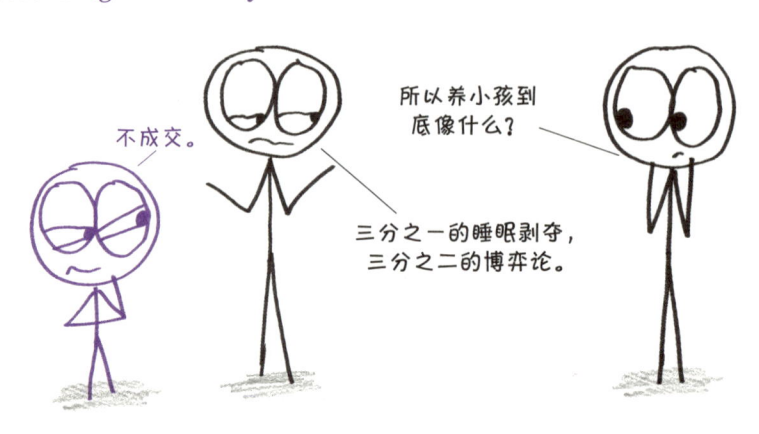

第四部分　常用语：本书的数学词汇指南　　　　　　　　　241

囚徒困境（prisoner's dilemma）——名词。一种每个人都面临着在公共利益和自身利益之间做出选择的情形。

零和（zero-sum）——形容词。一种一人所得必然是另一人所失的情形。

赌徒谬论（gambler's fallacy）——名词。有一种错误的观念认为，如果你的运气一直很差，那么好运很快就会到来，以此来"平衡一下"。

当然，你前面9次都没投中。但这只能说明你很菜！

唉，从某种程度上说，我觉得每句鼓舞人心的鸡汤都是对赌徒谬论的一种案例研究。

期望值（expected value）——名词。指的是如果你反复做某件事，所能得到的平均结果。

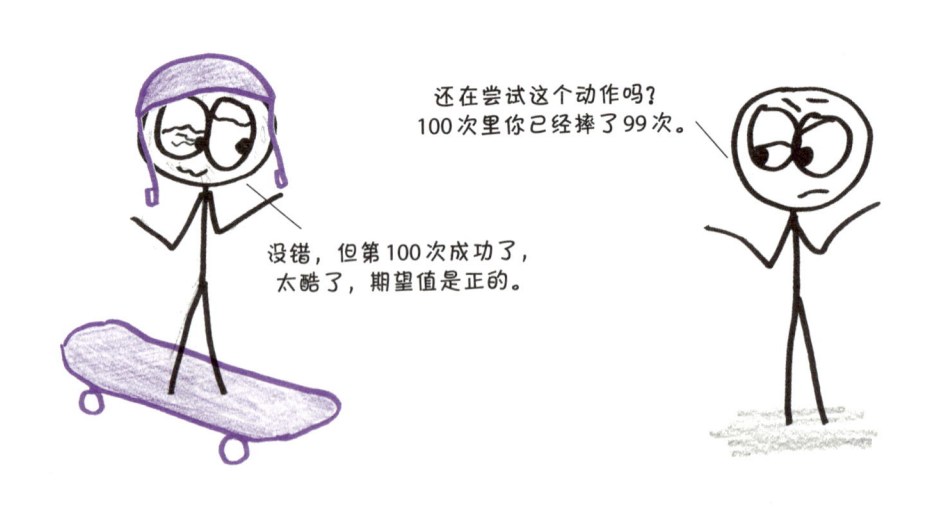

还在尝试这个动作吗？100次里你已经摔了99次。

没错，但第100次成功了，太酷了，期望值是正的。

第四部分　常用语：本书的数学词汇指南　　243

风险厌恶（risk-averse）——形容词。指更喜欢降低风险，即便这意味着需要牺牲期望值。

严格占优（strictly dominate）——动词。指在至少一个方面占据优势，且其他任何方面均不差。

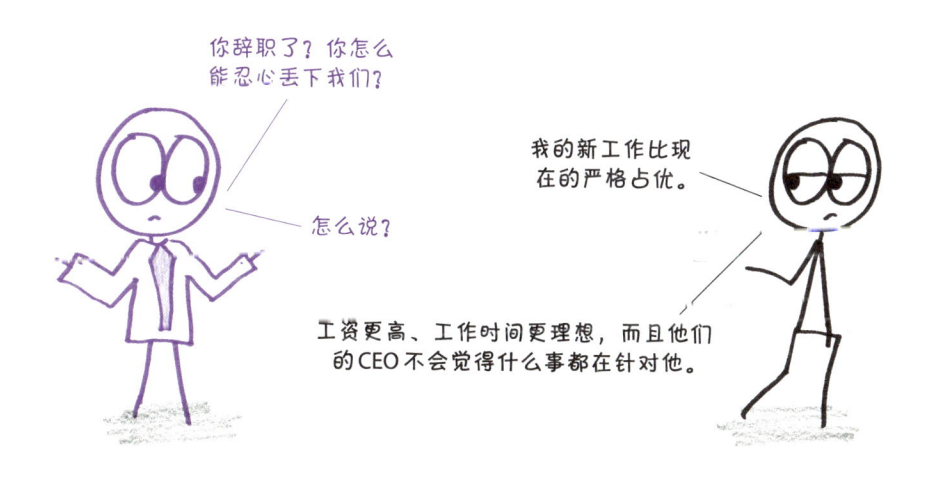

属性

如果一个人过于关心细节,我们会说他只见树木不见森林。而数学家们,正好相反:他们总是只见森林不见树木。数学家们习惯于审视事物的属性,而不是事物本身(不关注树木,只关注有多少棵树)。然后,在提炼出这些属性之后,他们会研究这些属性的属性(不关注具体的数量,而是关注它是奇数还是偶数)。如此这般,不断深入:研究事物属性的属性的属性。亨利·庞加莱曾这样评价数学家:"他们不会留意物质本身,只对形式感兴趣。"

<u>同构</u>(isomorphic)——<u>形容词</u>。尽管存在明显差异,但有着相同的基本结构。

我在这两个领域都工作过,相信我:如果一家公司的首席执行官很无能,而一个州的州长也不称职,那么这两者在本质上同构。

自反性（reflexive property）——名词。任何事物都与自身同一（相等）这一事实。

可传递性（transitive）——形容词。对于一种（二元）关系而言：如果A与B存在这种关系，并且B与C也存在这种关系，那么A与C也存在这种关系。

不变量（invariant）——名词。一个不会改变的属性，即使对象本身会变。

可交换（commute）——动词。当改变顺序时，依然可以得出同样的结果。

名人逸事与数学典故

不同于科学界——他们拥有像玛丽·居里和维克多·弗兰肯斯坦[1]这样赫赫有名的人物——数学界缺少家喻户晓的名人。埃米·诺特[2]？威尔·亨汀[3]？充其量也只是在客房闲谈中才会提到的名字罢了。即便如此，数学家们虽然没有获得公众的广泛赞誉，但他们拥有更棒的东西：同行们的敬重。换句话说：只有他们同行之间才懂的笑话。如果你想融入数学家们有趣的圈子，了解一些常见的（数学相关的）典故会有所帮助。

埃尔德什数（Erdős number）——名词。你与保罗·埃尔德什之间相距的步数，这里的"一步"指的是与他共同撰写了一篇研究论文。

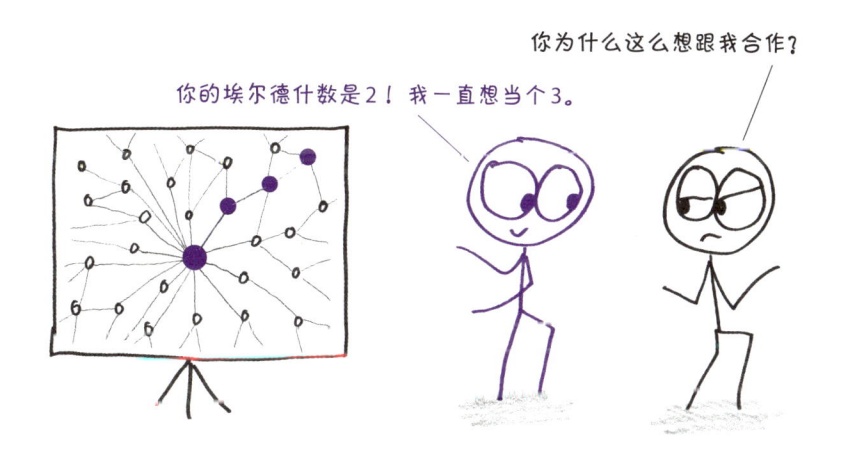

你的埃尔德什数是2！我一直想当个3。

你为什么这么想跟我合作？

---

[1] 英国作家玛丽·雪莱在1818年创作的长篇小说《科学怪人》的主角，也被视为科学领域的代表形象。
[2] 埃米·诺特（A.Noether，1882—1935），德国数学家，抽象代数的开创者。
[3] 电影《心灵捕手》的主角。

高斯式的（Gaussian）——形容词。与19世纪数学家卡尔·高斯有关，由于有太多事物以他的名字命名，你几乎可以把这个形容词（"高斯式的"之类的）放在任何名词前面。

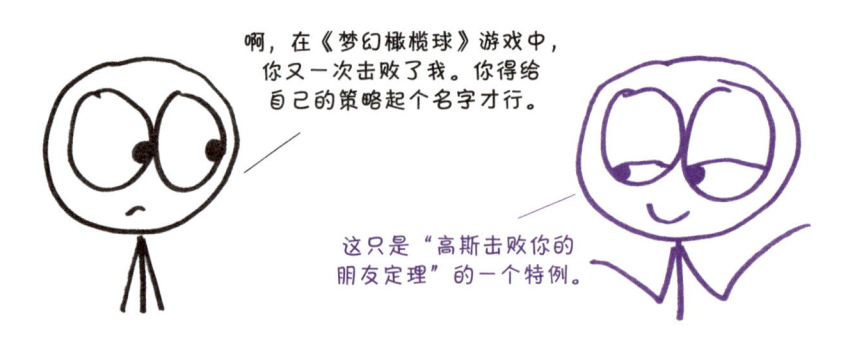

啊，在《梦幻橄榄球》游戏中，你又一次击败了我。你得给自己的策略起个名字才行。

这只是"高斯击败你的朋友定理"的一个特例。

费马最后（Fermat's last）——形容词。有所承诺却从未兑现。（源自皮埃尔·德·费马的"最后定理"，他曾在一本书的页边空白处声称自己证明了一个很有意思的命题，但由于证明过程太长，页边空白处写不下。不过，几乎可以肯定他当时是错的，因为在他去世350年后人们才发现了一个有效的证明。）

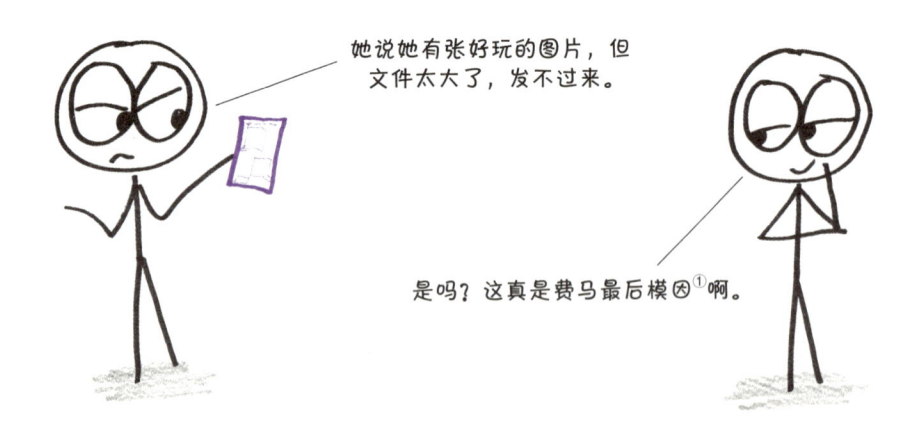

她说她有张好玩的图片，但文件太大了，发不过来。

是吗？这真是费马最后模因[①]啊。

---

① 源自文化传播的概念，指通过模仿在人群中传播的思想、行为或风格等文化元素。

第四部分　常用语：本书的数学词汇指南　　249

菲尔兹奖（Fields medal）——名词。数学领域的一项著名奖项。起初设立该奖项是为了表彰有潜力的后起之秀。但后来，它被授予40岁以下成就卓著的研究者。

千年问题（Millennium Problem）——名词。2000年选出的7个著名的重要数学问题。解决其中任何一个都能获得100万美元的奖金。

做出类似佩雷尔曼的行为（pull a Perelman）——动词。指从公众视野中隐退。格里戈里·佩雷尔曼[①]解决了一个千年问题，但他拒绝了该奖及百万奖金，并退出了数学界。

欧拉恒等式（Euler's identity）——名词。等式 $e^{\pi i} + 1 = 0$。它将5个基本的数字统一在一个简单的关系之中，常被人们誉为整个数学领域最美的方程。

[①] 格里戈里·佩雷尔曼（Grigori Perelman，生于1966年），俄罗斯数学家，突破性地证明了拓扑学中的"庞加莱猜想"。

双关、引用及细则

引言

3. "逻辑概念的诗篇"：阿尔伯特·爱因斯坦（Albert Einstein），《已故的埃米·诺特》["The Late Emmy Noether"，《纽约时报》（*New York Times*），1935年5月4日]。

名词

8. "复杂的'迷雾之语'"：凯伦·奥尔森（Karen Olsson），《韦伊猜想：论数学与对未知的探索》（*The Weil Conjectures: On Math and the Pursuit of the Unknown*，纽约：法勒、斯特劳斯与吉鲁出版社，2019）。

11. "《博闻强记的富内斯》"：豪尔赫·路易斯·博尔赫斯（Jorge Luis Borges），《虚构集》（*Collected Fictions*，伦敦：企鹅普特南出版公司，1998）。

15. "通过说出一个原本不存在的事物……"：厄休拉·勒古恩（Ursula Le Guin），"地海传奇系列"（*A Wizard of Earthsea*，纽约：霍顿·米夫林出版公司，1968）。

17. "随便给某人一罐软糖，他不可避免的注意力分散会导致计数……"：艾丽斯·克拉普曼（Alice Clapman）和本·戈尔茨坦（Ben Goldstein），《手工计票：已被证实是个糟糕的主意》（"Hand-Counting Votes: A Proven Bad Idea"，布伦南司法中心，2022年11月23日，https://www.brennancenter.org/our-work/analysis-opinion/hand-counting-votes-proven-bad-idea）。

18. "'虚'这个前缀本身就是一种羞辱"：这里所说的数学家是勒内·笛卡尔

（René Descartes）。大卫·威尔斯（David Wells），《企鹅有趣且奇特数字词典》（*The Penguin Dictionary of Curious and Interesting Numbers*，伦敦：企鹅出版社，1997）。

19. "我给这堂课做了点贡献"：说这句话的学生是威廉·科利斯（William Collis）。他的TED演讲（浏览量超过150万次）题目是《电子游戏技能如何让你在生活中领先》（*How Video Game Skills Can Get You Ahead in Life*）。发布于2021年3月，网址为 https://www.ted.com/talks/william_collis_how_video_game_skills_can_get_you_ahead_in_life。

19. "山峰不可能是山谷"：刘易斯·卡罗尔（Lewis Carroll），《爱丽丝镜中奇遇记》（*Through the LookingGlass*，1871），古登堡计划，网址为 https://www.gutenberg.org/files/12/12-h/12-h.htm。

20. "自从数轴在17世纪被广泛使用以来"：查拉兰波斯·莱莫尼季斯（Charalampos Lemonidis）和阿纳斯塔西奥斯·格科尔福斯（Anastasios Gkolfos），《数学史与数学教育中的数轴》["Number Line in the History and the Education of Mathematics"，《教学创新》（*Inovacije U Nastavi*），第33期，2020年3月：36–56，10.5937/inovacije2001036L]。

21. "施蒂费尔……婆什迦罗"：出自威尔斯的《企鹅有趣且奇特数字词典》。

21. "马塞雷斯"：J.J. 奥康纳（J. J. O'Connor）和E.F. 罗伯逊（E. F. Robertson），《弗朗西斯·马塞雷斯》（"Frances Maseres"），MacTutor数学史档案馆，查询于2023年5月15日，最后更新于2004年，网址为 https://mathshistory.st-andrews.ac.uk/Biographies/Maseres/。

24. "负负得正"：W. H. 奥登（W. H. Auden），《一个特定的世界：一本摘录集》（*A Certain World: A Commonplace Book*，纽约：维京出版社，1970）。

25. "不信你可以问问9世纪阿拉伯数学家阿尔·花剌子模"：居恩汉·卡格莱扬（Gunhan Caglayan），《代数积木：对花拉子密方程类型的探究》["Algebra Tiles: Explorations of al-Khwa-rizmı-'s Equation Types"，《汇聚》（*Convergence*），2021年10月，网址为 https://www.maa.org/press/periodicals/convergence/algebra-tiles-explorations-of-al-khw-rizm-s-equation-types-al-khw-rizm-s-compendium-on-calculating]。

32. **"问问连锁餐馆A&W的负责人就知道了"**：《关于A&W三分之一磅汉堡和重大数学误解的真相》("The Truth About A&W's Third-Pound Burger and the Major Math Mix-Up", A&W餐厅，查询于2023年4月11日，https://awrestaurants.com/blog/aw-third-pound-burger-fractions）。这个故事在数学教育圈流传很广，但它有点像都市传说。也许三分之一磅汉堡的失败不是人们不懂分数，而是因为麦当劳是全球巨头，而A&W主要以根汁汽水闻名。不管怎样，A&W宣称这个故事是真的。

39. **"我这本书（英文版，共包含82 771个单词）"**：本·奥尔林，《欢乐数学之数学的语法》（纽约：黑狗与利文塔尔出版社，2024）。说实话，我根本不知道我的书有多少个单词。

40. **"塞费将这种错误称为'过度估算'"**：查尔斯·塞费（Charles Seife），《证明的艺术：数学欺骗的黑暗艺术》(*Proofiness: The Dark Arts of Mathematical Deception*，纽约：维京出版社，2010）。就像自私的作家常做的那样，为了满足我自己的修辞需求，我用自己的语言把塞费的笑话重讲了一遍。

40. **"我从小以为人体正常体温是98.6 °F"**：在整理这些尾注时，我发现卡尔·温德利希（那个提出98.6°F这个数值的科学家）实际上给出的是37.0℃，精确到十分之一摄氏度。所以，在换算成华氏温度之前，他给出的数值就已经过于精确了。

43. **"弗里达的母亲是位诗人"**：她叫克莱尔·瓦曼霍尔姆（Claire Wahmanholm），关于这次奔向玉米池的短途旅行，她写了一篇精彩的文章《上车吧，失败者，我们去玩干米坑》["Get In Loser, We're Going Corn-Pitting"，每日散文（*Essay Daily*），2022年9月20日，网址为http://www.essaydaily.org/2022/09/the-midwessay-claire-wahmanholm-get-in.html]。同样值得一提的是弗里达的父亲丹尼尔·卢普顿，他对我关于玉米数量的估计进行了事实核查，而且不知为何，他知道的有趣数学知识比我还多。

43. **"罗马数字中代表较大数字"**：斯蒂芬·克里斯奥马利斯（Stephen Chrisomalis），《计算：数字、认知和历史》(*Reckonings: Numerals, Cognition, and History*，马萨诸塞州剑桥：麻省理工学院出版社，2020）。

44. **"太平洋里有10^{20}加仑水"**：各种不太可靠的网络资料给出了各种不太可靠的数据，但都在10^{20}到10^{21}加仑之间，对我们的目的来说已经足够接近了。这也是我在这一章中的典型精确程度。

44. "一局国际象棋有 10^{120} 种可能的走法"：克劳德·香农（Claude Shannon），《为下棋编程计算机》["Programming a Computer for Playing Chess"，《哲学杂志》（*Philosophical Magazine*），第7辑，第41卷，第314期，1950年3月]。

45. "《洛杉矶时报》竟然有23次不小心把'百万'和'十亿'这两个词弄混"：道格·史密斯（Doug Smith），《但谁在计数呢？》["But Who's Counting?"，《洛杉矶时报》（*Los Angeles Times*），2010年1月31日，网址为 http://articles.latimes.com/2010/jan/31/opinion/la-oe-smith31-2010jan31]。

45. "贝尔斯登投资银行的一位交易员本想卖出400万美元的股票，却失误操作成了40万亿美元"：弗洛伊德·诺里斯（Floyd Norris），《错误的大额销售订单短暂搅动股市》（"Erroneous Order for Big Sales Briefly Stirs Up the Big Board"，《纽约时报》，2002年10月3日，网址为 https://www.nytimes.com/2002/10/03/business/erroneous-order-for-big-sales-briefly-stirs-up-the-big-board.html）。

45. "晕数"：道格拉斯·侯世达（Douglas Hofstadter），《魔法主题：探寻心灵和模式的本质》（*Metamagical Themas:Questing for the Essence of Mind and Pattern*，纽约：基础图书出版社，1985）。

46. "在脑子里为每个数字描绘一幅生动的画面"：约翰·艾伦·保罗斯，《数盲：数学无知及其后果》（*Innumeracy: Mathematical Illiteracy and Its Consequences*，纽约：维塔奇书局，1990）。

47. "中国生活着1 198 500 000人"：安妮·迪拉德（Annie Dillard），《此时此刻》（*For the Time Being*，纽约：维塔奇书局，1999）。

48. "事物到了一定规模，便开始显露出庄重"：托马斯·哈代（Thomas Hardy），《塔中恋人》（*Two on a Tower*，1882）。这句话是我在一本精彩的天文学科普里发现的：玛西亚·巴图西亚克（Marcia Bartusiak），《来自3号星球的报道：关于太阳系、银河系及其他的32个（简短）故事》[*Dispatches from Planet 3: 32 (Brief) Tales on the Solar System, the Milky Way, and Beyond*，康涅狄格州纽黑文：耶鲁大学出版社，2018]。

50. "'Trapezoid'源自18世纪某个家伙所犯的一个错误"：正如维基百科所解释的（https://en.wikipedia.org/wiki/Trapezoid#Etymology_and_trapezium_versus_

trapezoid），欧洲的各种语言倾向于用"trapezium"的各种变体来表示有一对边平行的四边形，"trapezoid"的各种变体则用于表示没有平行边的四边形。然后到了1795年，查尔斯·赫顿出版了一本数学词典，不小心把这两个词弄混了。英国人在19世纪纠正了这个错误，但美国人没有。

50. "这两个词可以互换"：有人坚持认为"maths"这个词更好，因为它是复数形式，能反映数学学科（代数、几何等）的多样性。这种观点毫无道理，因为"maths"并不是复数。如果它是复数，我们就会说"maths are fun"（数学很有趣，这里用 are），但实际上我们并不会这样说，只会说"maths is fun"（数学很有趣，这里用 is）。和"mathematics"一样，"maths"是个不可数名词，只是它恰好以"s"结尾。

52. "表示无穷小的符号：$\frac{1}{\infty}$"：来自弗洛里安·卡乔里（Florian Cajori）的《数学符号史》（*A History of Mathematical Notations*，纽约米尼奥拉：多佛出版社，1993）。另外，既然我们在讨论符号，我擅自决定在小数点后每3位数字之间插入一个空格，这样我们写的就不是 3.14159265，而是 3.141 592 65。我不知道为什么这还没有成为标准做法。

53. "从我们所处的角度而言，宇宙中的小尺度比大尺度更多"：显然有人会反驳说，我们可以轻松地想象出更大的量级（比如 10^{200} 光年的距离或者 10^{500} 年的时间跨度），但很难讨论较小的量级（如 10^{-200} 米或者 10^{-500} 秒）。

58. "现在时髦的数学家都崇拜 τ"：维·哈特（Vi Hart），《圆周率 π（仍然）是错的》（"Pi Is (Still) Wrong" YouTube视频，上传于2011年3月14日，网址为 https://www.youtube.com/watch?v = jG7vhMMXagQ）。

61. "马丁·路德·金的身高是5英尺7英寸"：这个数据在互联网上随处可见，但老实说，我不知道马丁·路德·金的实际身高是多少，而且关键是，我也不在乎。

63. "只有三种东西是无限的"：古斯塔夫·福楼拜（Gustave Flaubert），《古斯塔夫·福楼拜书信集，1830—1857》[*The Letters of Gustave Flaubert*, 1830–1857，弗朗西斯·斯蒂格穆勒（Francis Steegmuller）译，马萨诸塞州剑桥：贝尔纳普出版社，1980]。

67. "也许，宇宙的历史……就是几个隐喻的历史"：豪尔赫·路易斯·博尔赫斯，《帕斯卡的球体》["Pascal's Sphere"，收录于《其他探询，1937—1952》（*Other*

Inquisitions，1937-1952），露丝·L.C. 西姆斯（Ruth L. C. Simms）译，奥斯汀：得克萨斯大学出版社，1964]。这也是乔尔丹诺·布鲁诺那段引语的出处。

68. "**我看见浩瀚的海洋**"：博尔赫斯，《阿莱夫》，收录于《虚构集》。

动词

76. "**一种名为'四次幂运算'……的四阶运算**"：当然，你可以比四次幂运算更进一步。但正如你已经看到的那样，得到的数字会变得极其庞大，大到荒谬、无用且毫无意义。它们真的只会出现在一些奇特的组合数学情境中。

78. "**在奥威尔看来，简单的加法是真理最后的堡垒**"：乔治·奥威尔（George Orwell），《1984》（伦敦：塞克与沃伯格出版社，1949）。

80. "**数学家高斯晚年时津津乐道的一个故事**"：我极力推荐这份关于这个逸事各种版本的权威汇编：布莱恩·海斯（Brian Hayes），《高斯教室逸事的各种版本》（"Versions of the Gauss Schoolroom Anecdote"，网址为 http://bit-player.org/wp-content/extras/gaussfiles/gauss21snippets.html）。

94. "**乘法运算具体是怎么进行的呢**"：乔·摩根（Jo Morgan），《数学方法汇编》（*A Compendium of Mathematical Methods*，英国伍德布里奇：约翰·卡特出版社，2019）。

100. "**数学定律一旦涉及现实**"：维基语录将这句名言归源于《几何与经验》（*Geometrie and Erfahrung*，第3-4页，1921），卡尔·波普尔（Karl Popper）在《知识理论的两个基本问题》[*The Two Fundamental Problems of the Theory of Knowledge*，安德烈亚斯·皮克尔（Andreas Pickel）译，特勒尔斯·埃格斯·汉森（Troels Eggers Hansen）编，2014]中引用过。

101. "**用一个数除以另一个数只是一种计算**"：乔丹·艾伦伯格（Jordan Ellenberg），《魔鬼数学》（*How Not to Be Wrong*，纽约：企鹅出版社，2014）。

109. "**我们就把'徒手计算平方根'这一环节从课程中剔除了**"：和开平方相关的另一个任务是"分母有理化"，它如今已经成为数学教育中最具争议性的问题之一。这种做法的主要理由（计算 $\frac{1}{\sqrt{2}}$ 的长除法比计算 $\frac{\sqrt{2}}{2}$ 的长除法麻烦多了）已经不再成立，但次要理由（将根式标准化以便我们能识别化简形式是有好处的）

双关、引用及细则　　257

依然成立。例如，$\sqrt{98} + \sqrt{18} = \sqrt{200}$令人困惑，但$7\sqrt{2} + 3\sqrt{2} = 10\sqrt{2}$就很自然。

115. "数学是赋予不同事物同一个名称的艺术"：亨利·庞加莱（Henri Poincaré），《科学与方法》(Science and Method，1908）。

116. "收录了源自英语各类方言的词汇：大卫·克里斯托（David Crystal），《正在消失的词语大全》(The Disappearing Dictionary，伦敦：麦克米伦出版社，2015）。

118. "一位苏格兰男爵登场了"：詹姆斯·格雷克（James Gleick），《信息：一部历史、一个理论、一股洪流》(The Information: A History, a Theory, a Flood，纽约：维塔奇书局，2012）。那句有趣的"像土豆一样容易获取"也出自此书。

120. "一份精心编撰的充满歧义的新闻标题清单"：《有歧义的标题》("Fun with Words"，《文字趣谈》，网址为 http://www.fun-with-words.com/ambiguous_headlines.html）。我不知道这些标题是真是假，但它们相当有趣。

121. "更强大的运算优先进行"：我故意避开了传统的运算顺序首字母缩写助记法，譬如PEMDAS、BODMAS和BIDMAS，原因很简单，我讨厌它们。在我看来，我在这里给出的解释——按照从高级到低级的顺序执行运算，除非我用括号另有说明——更好。

125. "巧妙极了，就像是专门为了恶作剧而创造出来的"：史蒂芬·斯托加茨（Steven Strogatz），《那道令人烦恼的数学方程？这里有个补充说明》("That Vexing Math Equation? Here's an Addition"，《纽约时报》，2019年8月5日，网址为 https://www.nytimes.com/2019/08/05/science/math-equation-pemdas-bodmas.html）。

127. "羊群中有125只羊和5条牧羊犬。请问，这条牧羊犬几岁了？"：库尔特·罗伊瑟（Kurt Reusser），《超越事物逻辑的问题解决：理解和解决文字问题的情境效应》["Problem Solving Beyond the Logic of Things: Contextual Effects of Understanding and Solving Word Problems"，《教学科学》(Instructional Science)，第17卷，第4期：第309—338，1988]。

语法

133. "混杂语也由此获得了生命，变成了一种完整的语言"：史蒂文·平克（Steven Pinker），《语言本能：人类语言进化的奥秘》(The Language Instinct: How the

Mind Creates Language，纽约：威廉·莫罗出版社，1994）。

151. "脱离数字本身的第一步"：凯伦·奥尔森，《韦伊猜想》。

155. "但学生们经常写一些别的数"：得州 A&M 大学的新闻稿，《教授称学生对等号的理解并不正确》["Students' Understanding of the Equal Sign Not Equal, Professor Says"，《科学日报》(*Science Daily*)，2010 年 8 月 11 日，网址为 https://www.sciencedaily.com/releases/2010/08/100810122200.htm]。

160. "人们误以为等式就是数学的全部"：克里斯汀·拉森（Kristine Larsen），《斯蒂芬·霍金传》(*Stephen Hawking: A Biography*，康涅狄格州韦斯特波特：格林伍德出版社，2005）。

160. "在试图理解一个问题时，没有什么比一个好的不等式更有用"：塞德里克·维拉尼（Cédric Villani）著，马尔科姆·德贝沃伊斯翻译的《定理的诞生：一次数学冒险》(*Birth of a Theorem: A Mathematical Adventure*，纽约：法勒、斯特劳斯和吉鲁出版社，2015）。实际上，维拉尼描述的是他的同事埃利奥特·利布的观点，但他似乎也认同这一观点。

163. "我的朋友迈克尔·珀尚就给了他这个建议"：迈克尔·珀尚（Michael Pershan），《画图对孩子来说过于抽象》["'Draw a Picture' Is Too Darn Abstract for Kids"，理性表达（博客），2014 年 8 月 21 日，网址为 http://rationalexpressions.blogspot.com/2014/08/draw-picture-is-too-darn-abstract-for.html]。

169. "重点不在于有多少信息"：爱德华·R. 塔夫特（Edward R. Tufte），《量化信息的视觉展示》(*The Visual Display of Quantitative Information*，第 2 版，康涅狄格州柴郡：图形出版社，2001）。

169. "地球上所有的草莓"：约翰·斯卡尔齐（John Scalzi），"斯卡尔齐草莓理论"，Whatever（博客），2019 年 6 月 18 日，网址为 https://whatever.scalzi.com/2019/06/08/the-scalzi-theory-of-strawberries。

171. "弗莱施-金凯德阅读水平公式"：我用的是"Good Calculators"网站上的自动计算器，网址为 https://goodcalculators.com/flesch-kincaid-calculator。

172. "一句话就有上千页"：凯蒂·沃尔德曼（Katy Waldman），《一个句子能捕捉生活的全部吗？》("Can One Sentence Capture All of Life?")，《纽约客》，2019 年

9月6日，网址为https://www.newyorker.com/books/page-turner/can-one-sentence-capture-all-of-life）。

173. "公式 $V + F = E + 2$"：大卫·里彻森（David Richeson），《欧拉的宝石：多面体公式与拓扑学的诞生》(*Euler's Gem: The Polyhedron Formula and the Birth of Topology*，新泽西州普林斯顿：普林斯顿大学出版社，2008）。

178. "所有代数运算都是心理学层面的"：保罗·洛克哈特（Paul Lockhart），《测量》(*Measurement*，马萨诸塞州剑桥：贝尔纳普出版社，2012）。

179. "把一切都尽量简化，但不要过度简化"：事实上，爱因斯坦的原话比这更复杂一点，而且有特定的语境。不过，按照他自己的逻辑，我想他会接受这个更简单的版本。

186. "苏伊士运河危机是突然跑出来去买小圆面包"：道格拉斯·亚当斯（Douglas Adams），《全能侦探社》(*Dirk Gently's Holistic Detective Agency*，伦敦：潘图书出版社，1988）。这段话说的其实不是范畴错误，而是书中角色德克·简特利有一个朋友这件事。

186. "雷蒙·斯尼奇在他的小说中举了一个例子"：雷蒙·斯尼奇（Lemony Snicket），《爬虫馆》(*The Reptile Room*，《不幸事件的系列》第 2 部，纽约：哈珀柯林斯出版社，1999）。

187. "范畴错误"这一术语：奥弗拉·马吉多尔（Ofra Magidor），《范畴错误》，收录于《斯坦福哲学百科全书》，由爱德华·N. 扎尔塔（Edward N. Zalta）和尤里·诺德尔曼（Uri Nodelman）编，2019 年 7 月 5 日，网址为 https://plato.stanford.edu/archives/fall2022/entries/category-mistakes。

189. "建筑师（同时也是数学爱好者）皮亚特·海恩的表述更为精妙"：皮亚特·海恩（Piet Hein），《通往智慧之路》["The Road to Wisdom"，收录于《格鲁克诗》(*Grooks*，纽约：双日出版社，1969]。

191. "一把可爱的、小小的、旧的、长方形的、绿色的、法国产的、银质的削笔刀"：马克·福赛思（Mark Forsyth），《雄辩的要素：完美措辞的秘诀》(*The Elements of Eloquence: Secrets of the Perfect Turn of Phrase*，纽约：伯克利出版社，2013）。

193. "一个名叫基兰的活泼小家伙"：关于基兰的这件逸事最早出现在我的一篇题为《正确答案的殿堂》的文章里，那篇文章讲的是如何对抗僵化的教育对好奇心的扼杀。本·奥尔林，欢乐数学（博客），2015年2月11日，网址为https://mathwithbaddrawings.com/2015/02/11/the-church-of-the-right-answer。

196. "当作$a(b+c)=ab+ac$这条初始规则的一系列复杂的例外情况"：我在《一切都是线性的（又名挪符号爱好者民谣）》一文中详细地讨论了这个错误。本·奥尔林，欢乐数学（博客），2015年7月8日，网址为https://mathwithbaddrawings.com/2015/07/08/everything-is-linear-or-the-ballad-of-the-symbol-pushers。

196. "数学是一种按照某些简单规则，用纸上无意义的符号来玩的游戏"：本书最初的书名就是《没有意义的符号》。

196. "如何在数学课上避免思考"：这最终以4篇系列文章的形式发表在我的博客上。本·奥尔林，《如何在数学课上避免思考》，第一部分，欢乐数学（博客），2015年1月7日，网址为https://mathwithbaddrawings.com/2015/01/07/how-to-avoid-thinking-in-math-class。

197. "思考活动……就像战场上的骑兵冲锋"：阿尔弗雷德·诺思·怀特海（Alfred North Whitehead），《数学导论》（*An Introduction to Mathematics*，1911），古登堡计划，网址为https://www.gutenberg.org/ebooks/41568。

198. "一个事物的表象有时似乎比事物本身更具吸引力"：凯伦·奥尔森，《韦伊猜想》。

常用语

202. "当一位律师在口头质证时使用这个术语时，会让美国高等法院的法官们连声赞叹：特别是首席大法官约翰·罗伯茨（John Roberts）和大法官安东宁·斯卡利亚（Antonin Scalia）。罗伯特·巴恩斯（Robert Barnes），《最高法院大法官与法学教授玩文字游戏》（"Supreme Court Justices, Law Professor Play with Words"，《华盛顿邮报》，2010年1月12日，网址为https://www.washingtonpost.com/wp-dyn/content/article/2010/01/11/AR2010011103690.html）。

210. "梯度下降"：对新手来说，感觉它应该叫梯度上升，因为我们试图到达一个隐喻的山顶。的确，当你在最大化某个东西时，它就是上升。但在数学中，最小化比最大化常见得多：我们真正在寻找的是最低的山谷。因此，是下降。

222. "一台将咖啡转化为定理的机器"：阿德里亚娜·萨勒诺（Adriana Salerno），《咖啡变定理》["Coffee Into Theorems"，PhD + Epsilon（博客），美国数学学会，2015年4月28日，网址为 https://blogs.ams.org/phdplus/2015/04/28/coffee-into-theorems/]。

÷10
0.1 1 10 100 1,000
π ≈ 3.14
around
across
"857"
-(-(-(-1)))
≈ 6.28
y=mx+b
simple.
1/4 + 1/6 =
THE FUZZY TRUTH
96°F 97°F 98.6°F
unreasonable rounding
125
124
249
∀ε>0,
∃δ>0:
|x-a|<δ→
|f(x)-L|<ε
ax²
+++
CHOCODOLLAR
10×10
1/10×10×10
3.14 π 22/
3.140 3.141 3.142
farther closer
17 × whatever
1.414ish
PI DAY PARTY!
3/14
5×3
multiplication
4/7
$10
2573
× 389
division by 1/2
17 34
division by 2
3 + -1.78
NOOOOOO
0 5 10 15 20 25 30 35 40 45 50
repeated addition
4^(7/2) = ???
6
2
5^5 → 5↑↑3
repeated exponentiation
tetration
λ
x(x+x²)?
x²+x³!
8÷2(2+2)
8÷2(4)
8÷8
1
conversation blender nightclub thunder
40 50 60 70 80 90 100 110 120
×1000
x²=3x+10
∞
K=½mv²
If A<B and B<C
then A<C
x = (−b ± √(b² − …))/2a
DONUTS
44.9° North
93.2° West
7 PIZZAS
10/6
ax² = bx + c
ax² + bx = c
ax² + c = bx
ax² = bx
ax² = c
bx = c
1/3 sleep deprivation,
2/3 game theory.
100%
95% to 99.9%
80% to 95%
60% to 80%
40% to 60%
20% to 40%
5% to 20%
0.1% to 5%
0%
AROUND ≈ 3 × ACROSS
OOOOH!
17/34
noisy
11
"1000"
3
5
1 -1 -(-1) -(-(-1))
5↑↑3 WOW!
5+3 5×3 5³
30×20 30×7 8×20 8×7
600 + 210 + 160 + 56 = 1026
No! Silence your nonsense!
82,771
What is lim (x→2) (x²−4)/(x−2)?
.1 .2 .3 .4 .5 .6 .7 .8 .9 1
What's 46 + 28?
27
see... calculating... calculating...

延伸阅读

对数学语言的诗意赞美：凯伦·奥尔森，《韦伊猜想》。我在自己的书中多次引用这本书的内容并非偶然。

关于对纸笔运算数学有帮助且妙趣横生的指南：乔·摩根，《数学方法汇编》。这本书对教师、学生都很适用，对于那些只想了解13种有趣又独特乘法运算方法的数学爱好者来说也很不错。

我喜爱的数学主题虚构作品：豪尔赫·路易斯·博尔赫斯，《虚构集》。这些故事就像数学证明一样：内容丰富、逻辑严谨且具有普遍性。其中有几篇尤其受数学家喜爱：

- 《博闻强识的富内斯》
- 《阿莱夫》
- 《接近阿尔穆塔辛》
- 《通天塔图书馆》
- 《小径分岔的花园》
- 《秘密的奇迹》
- 《沙之书》
- 《蓝虎》

关于这颗星球上最负盛名的数学家的想法：陶哲轩，《论写作》（网址为 https://terrytao.wordpress.com/advice-on-writing-papers）。没有哪位数学家称得上家喻户晓，但陶哲轩可能是最接近这个程度的（尤其是如果你家里也有一位数学家的话）。他的博客里有一些关于数学交流的慷慨而深刻的想法。具体可以参考这些文章：

- 《使用恰当的符号表示法》

- 《充分利用英语这门语言》
- 《给出合适量的细节内容》
- 《论数学论文中的"局部"与"全局"错误以及如何检测它们》
- 《论数学阅读中的"编译错误"以及如何解决它们》

关于"增长与变化"（第202页）的更多内容： 与此相关的数学子域是微积分。我斗胆推荐自己的一本书，还有另一本几乎同时期出版的著作：

- 本·奥尔林，《欢乐数学之疯狂微积分》（天津科学出版社，唐燕池译，2022）。
- 史蒂夫·斯托加茨，《微积分的力量》（中信出版集团，任烨译，2021）。

关于"误差和估计"（第205页）的更多内容： 这里我综合了几个数学领域的内容：概率的不确定性、统计学中的置信区间、微分学中的误差范围，以及所有数学工作中普遍存在的失误和意外情况。

- 马特·帕克（Matt Parker），《数学大师的失误》（*Humble Pi: When Math Goes Wrong in the Real World*，纽约：里弗黑德图书公司，2020）。
- 约翰·艾伦·保罗士，《数盲》（上海教育出版社，柳柏濂译，2006）。
- 查尔斯·塞费（Charles Seife），《证明的假象：数学欺骗的黑暗艺术》（*Proofiness: The Dark Arts of Mathematical Deception*，纽约：维京出版社，2010）。

关于"优化"（第207页）的更多内容： 为找到一个不太常规但富有启发性的切入点，我强烈推荐：罗伯特·博世（Robert Bosch），《优化艺术：从数学优化到视觉设计》（*Opt Art: From Mathematical Optimization to Visual Design*，新泽西州普林斯顿：普林斯顿大学出版社，2019）。

关于"答案和方法"（第210页）的更多内容： 这些主题在数学中反复出现。如果你对算法和启发式方法感兴趣，我推荐：

- 汉娜·弗莱（Hannah Fry），《你好，世界：算法时代的人类》（*Hello, World: Being Human in the Age of Algorithms*，纽约：W. W. 诺顿出版社，2019）。
- 贾内尔·沙内，《你看起来好像……我爱你》（中信出版集团，余天呈译，2021）。

关于"形状和曲线"（第213页）的更多内容： 有很多不错的选择，但我推荐：

- M. C. 埃舍尔（M. C. Escher），《埃舍尔论埃舍尔：探索无限》[*Escher on Escher:*

Exploring the Infinite，卡琳·福特（Karin Ford）译，纽约：哈里·N. 阿布拉姆斯出版社，1989］。

• 马特·帕克，《我们在四维空间可以做什么》（北京联合出版公司，李轩译，2015）。

• 西沃恩·罗伯茨（Siobhan Roberts），《无限空间之王：拯救几何学的唐纳德·考克斯特》（*King of Infinite Space: Donald Coxeter, the Man Who Saved Geometry*，纽约：沃克图书公司，2006）。

关于"无限"（第216页）的更多内容：

• 若想进行超密集且超专业的研究，有一本出自小说家之手的书籍：大卫·福斯特·华莱士（David Foster Wallace），《万物与更多：无穷的简史》（*Everything and More: A Compact History of Infinity*，纽约：W. W. 诺顿出版社，2003）。

• 若想来点轻松、对话式的学习，有一本出自范畴论学者之手的书籍：郑乐隽，《超越无穷大》（中信出版集团，杜娟，2018）。

关于"集合"（第218页）的更多内容： 我们讨论的是集合论，它常被视为所有数学的逻辑基础。我最喜欢的入门书籍是：阿波斯托洛斯·佐克西亚季斯和赫里斯托斯·II.帕帕季米特里乌等，《疯狂的罗素》（中国人民大学出版社，张立英译，2018）。

关于"逻辑与证明"（第222页）的更多内容： 这是数学工作的核心。我推荐：

• 杰伊·卡明斯（Jay Cummings），《证明：长篇数学教科书》（*Proof: A Long-Form Mathematics Textbook*，2021）。

• 罗杰·B.尼尔森，《数学与真集》（机械工业出版社，肖占魁等译，2014）。

• 菲利普·奥尔丁（Philip Ording），《一个证明的99种变体》（*99 Variations on a Proof*，新泽西州普林斯顿：普林斯顿大学出版社，2021）。

关于"真理与矛盾"（第226页）的更多内容： 数学与哲学之间的中间地带很容易让人迷失。为此：

• 一个不错的起点：雷蒙德·斯穆里安，《这本书叫什么W》（上海辞书出版社，康宏逵译，2011）。

• 一本令人惊叹的、由青少年作者汇编的著作：R.M.塞恩斯伯里，《悖论》（中国人民大学出版社，刘叶涛等译，2020）。

关于"**可能性的大小**"（第230页）的更多内容：说到概率，我最感兴趣的是，我们渴望确定性的思维如何能够被引导去接受一种充满根本不确定性的生活。以下是一些这方面的优秀书籍：

• 朱莉娅·加莱夫（Julia Galef），《侦察员思维模式：为什么有些人能看清事物而有些人不能》(The Scout Mindset: Why Some People See Things Clearly and Others Don't，纽约：皮亚特库斯出版社，2021）。

• 丹尼尔·卡尼曼，《思考，快与慢》（中信出版集团，李爱民等译，2012）。

• 列纳德·蒙洛迪诺，《醉汉的脚步》（中信出版集团，郭斯羽译，2020）。

关于"**因果关系与相关性**"（第234页）的更多内容：正如人们所说："相关不等于因果。"的确如此：相关性并不能导致因果关系。但这两者肯定是有联系的。

• 若想体验一些奇妙又有趣的内容：泰勒·维根（Tyler Vigen），《虚假相关性》("Spurious Correlations"，网址为 https://www.tylervi-gen.com/spurious-correlations）。

• 一个简单却很有趣的游戏（尤其适合像我这样的统计学入门教师）：《猜测相关性》("Guess the Correlation"，网址为 https://www.guessthecorrelation.com）。

关于"**数据**"（第236页）的更多内容：这方面的文献非常丰富，我甚至有点不敢尝试去总结。但这里有几个不错的切入点：

• 阿尔贝托·开罗，《数据可视化陷阱H》（机械工业出版社，韦思遥译，2020）。

• 蒂姆·哈福德（Tim Harford），《数据侦探：理解统计学的十条简单规则》(The Data Detective: Ten Easy Rules to Make Sense of Statistics，纽约：里弗黑德图书公司，2021）。

• 本·奥尔林，《欢乐数学》（天津科学技术出版社，唐燕池译，2021）。

关于"**博弈与风险**"（第240页）的更多内容：这些术语来自博弈论。我在此推荐我自己关于博弈论的书：本·奥尔林，《欢乐数学之游戏大闯关》（天津科学技术出版社，唐燕池译，2023）。

关于"**名人逸事与数学典故**"（第247页）的更多内容：

• 关于保罗·埃尔德什的进一步介绍，这里有一本精彩的传记：保罗·霍夫曼，《数字情种》（上海科学教育出版社，章晓燕译，2009）。

• 关于费马最后定理的更多内容，可以阅读可能是有史以来最优秀的数学科普读物：西蒙·辛格（Simon Singh）的《费马大定理：解开世界上最伟大数学难题的史诗之旅》(*Fermat's Enigma: The Epic Quest to Solve the World's Greatest Mathematical Problem*，纽约：沃克出版社，1997）。

• 关于菲尔兹奖的更多介绍，可以看看我对历史学家迈克尔·巴拉尼的采访：本·奥尔林，《菲尔兹奖被遗忘的梦想》（"The Forgotten Dream of the Fields Medal"），烂插画（博客），2018年7月25日，网址为https://mathwithbaddrawings.com/2018/07/25/the-forgotten-dream-of-the-fields-medal。

• 关于千年问题的更多介绍，你可以深入阅读这本书（不过，读者请当心，这些问题思考起来真的很难！）：基思·德夫林，《千年难题》（上海科技教育出版社，沈崇圣译，2012）。

• 关于格里戈里·佩雷尔曼和他帮忙解决的那个问题，更多内容请见：乔治·G. 斯皮罗（George G. Szpiro），《庞加莱的奖赏：为解决数学界最伟大谜题的百年探索》(*Poincare's Prize: The Hundred-Year Quest to Solve One of Math's Greatest Puzzles*，纽约：普卢姆出版社，2007)。

• 关于黎曼假设及其背后理论的更多内容：约翰·德比希尔，《素数之恋》（上海科技教育出版社，陈为蓬译，2018）。

• 关于卡尔·高斯和莱昂哈德·欧拉的更多介绍：几乎任何一门大学水平的数学课都会涉及。

唠唠叨叨的感谢

通常这一页以"致谢"为题,但对这本书来说,这个术语似乎太冷淡。"致谢"是一种庄重的颔首致意,而我需要传达的是饱含热泪的拥抱,是长久的感恩之情。我对你的感谢不应只是寻常的感谢,而是要让你感受到那种深切到有些令人局促的谢意。

首先,感谢我的编辑 Becky Koh,创作这本书对我们双方来说都无比煎熬,但至少对我而言又极具收获,你给予了我诸多指导。这是我一直以来都想写的数学书,要是没有你,我绝无可能完成它。

感谢黑狗与莱文索尔(BD&L)团队的其他成员以及我们技艺精湛的伙伴们:Betsy Hulsebosch、Kara Thornton、Katie Benezra、Sara Puppala(你们将我的插画专业化的工作在这本书中尤为突出)、Elizabeth Johnson、Melanie Gold、Zander Kim、Francesca Begos,以及任何我不可原谅地遗漏掉的名字。我曾把这本书看作一个满是文本文件的杂乱文件夹,迫不及待地想看到它在你们所有人的努力下成为呈现在读者面前的实体书。

感谢 Dado Derviskadic 和 Steve Troha,你们的判断力比我强得多,要是没有你们,我绝不会踏上这段疯狂而奇妙的职业旅途——成为一名不会画画的专业插画师。

感谢圣保罗学院选修我开设的统计学入门课程的学生们,感谢辅导中心和蔼可亲的同事们,感谢 Enyinda Onunwor 和 Avani Shah,以及在多伦多结识的美国数学教师协会(AMATYC)的新朋友们。和我的其他作品相比,这本书尤其离不开我作为老师的职业身份,是你们让这份工作成为可能(而且充满乐趣!)。

感谢在本书写作的坎坷旅途中为我提供反馈和鼓励的亲朋好友，2021年2月，这本书还是毫无意义的纸上涂鸦，2021年7月变成了书名为《数学符号漫画词典》的作品。2022年1月，书名又改成了《如何用数学说话》，2022年6月改成《呃，我永远写不完了：一本无法写出也永远不会存在的数学书》，直到2023年2月才定为《欢乐数学之数学的语法》。尤其感谢（如果漏掉了哪个名字，请千万不要认为是我不感谢他）：James Orlin、Michael Pershan、David Klumpp、Karen Carlson、Adam Bildersee、Bay Gaillard、Cash Orlin、Jenna Laib、Lark Palermo、Justin Palermo、Andy Juell、Daniel Gala、Seth Kingman、Karen Olsson、Stephen Chrisomalis、Jo Morgan、Tom Burdett和James Propp。我还要格外感谢Grant Sanderson，在我几乎要放弃的时候，他表达了对这本书的信心。还有Peggy Orlin和Paul Davis，你们在最初充满智慧和耐心的审读让我牢记自己写这本书的初心所在。

　　最后，向Taryn、Casey和Devyn献上我满满的爱意。我写下的所有文字，都不过是我与你们共度的美好生活的小小印记。